생각의 기차

1

생각의 기차

1
과학적 발견의
연결

이상하 지음

궁리
KungRee

참다운 지식의 가치는 관심을 한 영역에 집중시켜 주고

확대시켜 주거나, 혹은 다른 영역으로 이동시켜 주는 데 있다.

모든 과학적 발견에는 재확인할 수 있는 관찰 및 재생산할 수 있는 측정량과 가설 사이의 연결성을 추구한다는 공통점이 있지만, 그 추구방식은 너무나 다양해서 획일화할 수 없다. 발견 과정과 그 결과를 둘러싼 사회적 평가 또한 과거 그 어느 때보다도 복잡한 양상을 띠게 되었다. 가설이 생성되고 공인되는 방식도 하나의 논리적 형식 속에 가둘 수 없다. 과학적 발견의 역사에는 수많은 에피소드들이 넘쳐난다. 그러한 에피소드들 중 일부를 다룸으로써 '생각의 기차(train of thoughts)'는 발견의 역사라는 철로를 달릴 것이다.

각 발견 사례는 기차역에 비유된다. 발견 사례에서 생각해볼 주제는 역사의 풍경에 비유된다. 기차역들이 연결되어 하나의 지역을 형성하듯이, 발견 사례들은 서로 연결된다. 그렇게 연결된 발견 사례들은 하나의 특징을 보여준다. 그 특징은 해당 지역의 전체 풍경에 비유된다. 지역과 지역들은 서로 연결되어 거대한 철로망을 형성한다. 우리는 생각의 기차를 타고 그 철로망을 여행할 것이다.

『생각의 기차』는 '측정과 탐사', '성공을 위한 역사적 선결 조건', '과학과 기술의 결합', '정책 대상이 된 과학기술', '방법론의 뒤섞임', '동일 관점에 근거한 분과들의 공조', '개념적 수정 과정', '동적인 관점의 확장', '갈래치기', '새로운 실험 방법론', '학제간 연구', '과학의 세속화'라는 지역들의 풍경을 보여줄 것이다. 어떤 지역의 풍경은 단조롭고, 또 어떤 지역의 풍경은 기괴할 것이며, 또 다른 지역의 풍경은 복잡해서 한눈에 들어오지 않을 수도 있다. 발견의 역사가 기하학의 대칭적 도형처럼 단순하게 연결되지 않기 때문이다. 이 책의 목적은 바로 발견 역사의 다양성을 보여주는 데 있다.

『생각의 기차 1』에서는 '측정과 탐사'에서 '개념적 수정 과정'까지의 여정을 살펴볼 것이다. 과학기술이 정책 대상이 되는 과정에서 과학의 분과들은 더욱 다양해지고, 특정 개념들은 수정되어야만 했다. 다양해진 과학의 분과들이 연구 공간에 뒤섞이면서 새로운 실험 방법론이 탄생하고 학제간 관계가 당연한 것으로 굳어지는 여정은 『생각의 기차 2』에서 살펴볼 것이다. 『생각의 기차 1』과 『생각의 기차 2』사이에 철로의 끊김이라는 단절은 존재하지 않는다. 단지 현시점에 진입하기 전, 휴식을 취하는 곳일 뿐이다.

이 책에서 다뤄진 발견 사례들은 19~20세기에 국한된 것들로, 이 시기의 발견들을 모두 다루지는 않았다. 발견 사례들은 과학의 여러 분과들이 탄생하고 학제적으로 연결되는 과정과 맞물린 것들로 선별되었다. 물론 선별이 완전히 객관적으로 이루어졌다고는 할 수 없다. 하지만 나름의 이유를 들자면, 상대성이론은 뉴턴역학이 18세기 유럽 각 지역에 수용되고 논의된 과정과 함께 소개되는 것이 좋다고 판단했다. 진화론은 18세기 말 자연에도 역사가 있다는 관점을 정착시킨 선구자들과 함께 소개될 때 그 역사적 의미가 제대로 드러난다. 이 책에서 다루지 못한 발견 사례들로 연결된 철로는 또 다른 '생각의 기차'를 기다리고 있다.

총 47개의 발견 사례들이 주제별로 분석되고, 생각해볼 문제들이 제시될 것이다. 주제별로 정리된 발견 사례들은 과학적 글쓰기나 토론 자료로 사용될 수 있다. 또 과학 및 심층 논술을 위한 배경 지식을 얻는 데 도움이 될 것이다. 이러한 목적으로 이 책을 사용하는 경우에 대비해 발견 사례들의 내용에 따라 난이도를 매겨놓았다. 실례로 "블랙박스 논쟁[***]"에서 '[***]'는 가장 높은 난이도를, 그리고 "과학적 탐사[*]"에서 '[*]'는 가장 낮은 난이도를 나타낸다.

이 책을 만드는 데 포항공대 류정은, 황희성, 박종훈, 이수민이 도움을 주었다. 이 자리를 빌어 고마움을 전한다. 발견 사례 분석에 필요한 자료를 수집하고 정리하는 과정은 한국학술진흥재단의 지원을 받았다(KRF-2004-050-A0008).

2008년 1월
이상하

1권 차례

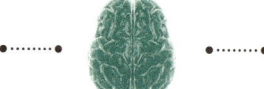

2권 차례

머리말

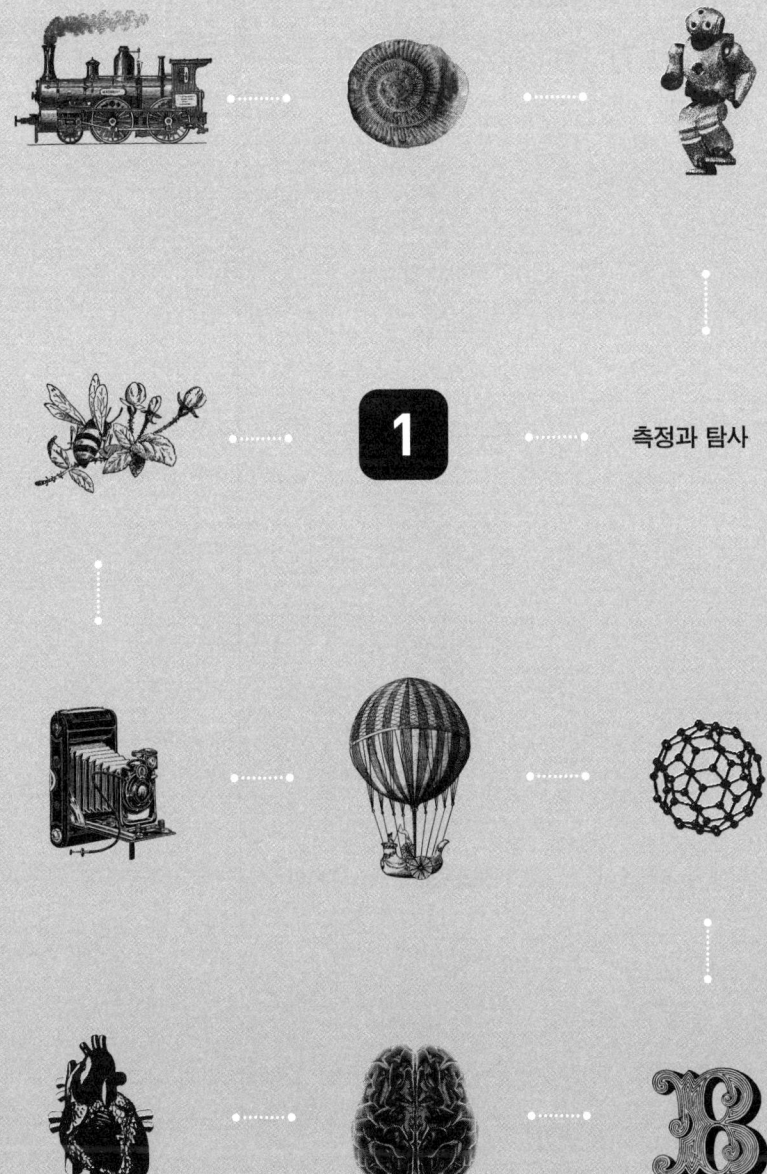

1

측정과 탐사

과학적 탐사★

― 자원 확보

관련 글: 비전, 세페이드 변광성

과학적 가설은 무(無)에서 생성되는 것이 아니다. 먼저 추측을 위한 단서가 필요하다. 또 과학적 가설이 신빙성을 얻기 위해서는 증거가 확보되어야 한다. 그러한 단서와 증거는 때때로 탐사에 의해 확보된다. 과학은 19세기 중엽이 지나면서 본격적으로 국가 정책의 대상이 되었다. 과학적 탐사의 규모는 더욱 웅장해졌고, 과학의 여러 분과와 기술의 협력 없이는 성공적인 탐사가 불가능하게 되었다.

19세기 말 독일의 심해 탐사 ●

동물학자 카를 춘은 1897년 '독일 자연탐구자와 의사 협회'에서 함부르크를 출발해 남아프리카를 지나 남극해와 인도네시아 수마트라 섬을 거쳐 독일로 귀환하는 심해 탐사 계획안을 발표했다. 1897년 9월 21일 춘의 제안을 승인한 독일 정부는 30만 마르크를 지원하기로 결정했다. '함부르크 – 아메리칸 라인사'는 탐사를 위한 증기선을 무상 제공하기로 약속했다.

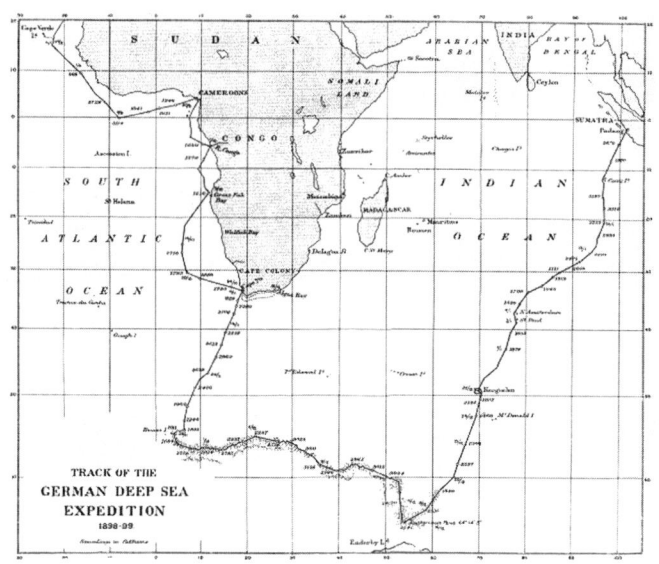

춘은 동물학자, 식물학자, 화학자, 생리학자, 사진 전문가 등 13명으로 구성된 연구팀을 구성했다. 탐사팀에게 양도된 배는 16세기 칠레 정복자 페드로 데 발디비아의 이름을 딴 증기선 '발디비아'였다. 2천 톤 규모의 발디비아는 탐사 목적에 맞게 개조되어야 했다. 현미경 작업실, 화학 실험실, 사진실이 발디비아에 갖춰졌고, 크레흐 선장을 비롯하여 8명의 항해사와 공학자 그리고 35명의 선원이 탐사팀에 합류했다. 1898년 8월 1일 저녁, 발디비아는 9개월에 걸친 탐사를 위해 함부르크 쿡스하펜을 떠났다.

탐사의 목적은 크게 세 가지로 압축된다. 첫째, 해양지도를 그리는 것이다. 이 해양지도에는 항로뿐 아니라 각 지역 바다의 수질 상태, 투명도, 표면 흐름, 기후 등이 분석되고 기록될 것이다. 둘째,

심해 수질의 화학적 성분을 밝히고, 각종 미생물 표본들을 수집하는 것이다. 그러한 표본들은 탐사 후 공동 연구자료가 될 것이다. 셋째, 심해 동식물들의 분포를 조사하고 분류하는 것이다. 이 과정에서 새로운 종들이 발견되기도 할 것이다.

발디비아는 탐사를 성공적으로 마치고 1899년 4월 28일 독일로 귀항했다. 춘을 비롯한 70여 명의 학자들이 탐사 결과를 정리하는 작업에 들어갔다. 그들 중에는 1872년에서 1876년 영국의 '챌린저 심해탐사'에 참가하고, 탐사 결과를 정리하여 해양학을 탄탄히 다진 존 머리도 포함되어 있었다. 최종 결과는 춘이 죽은 후 1940년 총 24권으로 출판되었다. 오징어와 문어로 대표되는 두족류(頭足類)에 대해서는 춘이 직접 정리했다.

카시니-하위헌스 임무 ●◉

어떤 과학적 탐사의 가능성은 경제적·인적 자원 외에도 과학기술 수준에 의해 가늠된다. 19세기 말의 과학자들도 우주탐사를 꿈꿨지만, 그 꿈은 당시의 과학기술 수준으로는 불가능한 일이었다. 우주탐사가 가능해진 현재까지도 달 바깥까지 유인 우주탐사를 하기에는 극복해야 할 현실적 어려움이 여럿 남아 있다. 로봇 및 영상신호 전송기술이 개선되어 태양계 내의 여러 항성들을 무인 탐사할 수 있게 되었다.

미국항공우주국(NASA)과 유럽우주국(ESA)은 토성 및 토성의 가장 큰 위성인 타이탄 탐사를 위한 '카시니-하위헌스 임무'를 추진했다. 카시니-하위헌스 무인 토성 탐사계획에서 '카시니'는 일종의 모선에 해당하는 인공위성이다. 카시니에는 각종 영상신호를 지구로 송신하는 도구들이 장착되었다. 카시니에 장착된 하위헌스는 극저온 탄화수소로 구성된 타이탄 표면에 착륙시킬 작은 탐사 로켓이다. 카시니 위성은 하위헌스를 싣고 1997년 10월 15일에 발사되었다. 카시니는 7년 후 2004년 4월 14일 토성 가장 바깥에 위치한 위성을 통과했다. 카시니는 같은 해 12월 24일 탐사 로켓 하위헌스를 타이탄 표면에 착륙시키는 데 성공했다. 타이탄으로부터 받은 자료는 카시니를 통해 지구로 전송되었다.

카시니 - 하위헌스 탐사 덕분으로 토성 및 토성 위성들의 형성 기원에 관한 30만 개 이상의 자료가 확보되었다. 카시니는 지금도 계속해서 새로운 영상자료들을 지구로 보내고 있다. 인공위성 '카시니'의 이름은 17세기 이탈리아 천문학자 조반니 카시니에게서 따온 것이다. 카시니는 토성 주위를 도는 네 개의 위성을 발견했다. 탐사 로켓의 이름 '하위헌스'는 빛의 파동설을 주장하고 위성 타이탄을 관측한 네덜란드의 크리스티안 하위헌스에서 따온 것이다.

탐사의 목적 ●●●

과학적 가설에 대한 증거는 실험적 조작이 아니라 탐사에 의해 확보되기도 한다. 또 탐사에 의해 수집된 자료들은 기존의 가설을 수정하거나 새로운 가설을 얻는 데 필요한 단서를 제공한다. 탐사의 과학적 목적은 증거 및 연구자료로 사용될 자원을 확보하는 것이다. 이러한 과학적 목적을 달성하기 위한 대규모 탐사는 해당 집단이 소유한 기술력의 시험 무대가 되기도 한다. 탐사에 사용된 새로운 기술은 나중에 경제적 가치를 지닌 인공물로 상품화되기도 한다. 탐사에 의해 얻어진 자원 자체가 경제적 가치를 지닌 경우도 있다.

더 생각해볼 것

1 ◆ 현재 우리의 과학기술 수준 및 경제 규모를 고려할 때 어떤 탐사가 적합할까?
또 그렇게 적합하다고 판단된 탐사의 목적과 기대 효과는 무엇인가?

2 ◆ 19세기 말처럼 지금도 종(species) 다양성 연구를 위해 심해 탐사가 진행되
고 있다. 경제적으로 매력이 없어 보이는 그러한 탐사에 제약회사들이 경제적
지원을 하는 경우가 있는데, 그 이유는 무엇이라고 생각하는가?

 더 읽어볼 것

◆ Harland, D.M. (2002), *Mission to Saturn: Cassini and the Huygens Probe*, Springer-Praxis.

◆ "The German Deep-Sea Expedition" (1898), *The Geographical Journal*, vol.12, no.5.

2

우주선★

— 증거 조합

관련 글: 우주배경복사, 세페이드 변광성

하나의 증거가 아니라 여러 증거들을 조합해야 풀리는 문제도 많다. 증거를 조합하는 과정은 실험도구의 발달에 의존하기 때문에 오랜 기간이 걸리기도 한다. 대기 중에서 발견되는 여러 우주선(Cosmic rays)의 원천과 그 정체를 둘러싼 문제는 대기, 호수 그리고 지상에서 확보된 실험적 증거들을 조합함으로써 풀리게 된다.

대기 ●

오스트리아의 물리학자 빅토르 헤스는 1906년 광학 연구로 학위를 받은 후 독일에서 박사 후 연구 과정을 밟기로 되어 있었다. 그러나 예정된 지도교수가 갑작스럽게 자살을 해 그는 비엔나 대학의 슈빈들러 교수 밑에 들어가게 된다. 슈빈들러와의 만남으로 헤스는 자연 방사능(radioactivity) 및 기체 이온화(ionization)에 의한 대기 중 전기 현상에 관심을 갖게 되었다.

대기 중 기체 이온화 현상을 일으키는 강한 에너지의 정체는 무엇

기구 실험을 마치고 귀환한 헤스

일까? 그 에너지는 어디에서 온 것일까? 1910년경 당시에는 대기 중 전기가 짧은 파장의 전자기파 복사에 의한 기체 이온화 현상에 기인한다고 여겨졌다. 그리고 그러한 복사의 원천은 지하광물 (mineral)이라고 여겨졌다. 이를 확인하기 위해 독일의 테오도르 불프는 1910년 기구(balloon)를 이용해 지표면상의 전기량과 에펠탑 꼭대기 공기의 전기량을 비교했다. 불프는 지하광물의 방사능에 의한 전기량이 고도가 높아질수록 감소할 것이라 예측했지만, 측정 결과는 달랐다. 이로써 기체 이온화 현상을 불러일으키는 에너지의 원천이 지하광물이라는 확신은 검토 대상이 되었다.

헤스는 기구를 대기권으로 띄워 이온화된 기체의 전기량을 측정하기 위한 실험을 고안했다. 정부로부터 연구 지원을 약속받은 헤스는 기구 운전 면허증을 취득했다. 가급적 기구를 높이 띄우기 위해 승무원 수를 줄여야 했기 때문이다. 1912년 8월 12일, 헤스는 수소 기체로 채워진 기구를 이용해 5,350미터 상공까지 올라갈 수 있었다. 지상 1,500미터부터 증가하기 시작한 이온화된 기체의 양은 5천 미터 지점에 이르러 지상에 비해 두 배가 되었다. 헤스는 기체 이온화에 의한 대기 중 전기의 원천이 지상이 아니라 대기권 밖이라고 결론지었다.

독일의 물리학자 베르너 콜회르스터도 1913년 기구를 타고 9천 미터 상공까지 올라가 헤스의 실험을 반복했다. 결과는 헤스의 것과 마찬가지였다. 콜회르스터 역시 기체 이온화에 의한 대기 중 전기의 원천이 지상이 아니라 대기권 밖이라고 결론지었다. 불프, 헤스, 콜회르스터 모두 검전기와 같은 실험도구를 개선하여 대기 중 전기 현상을 연구할 수 있는 기반을 닦았다.

호수와 지상 ●●
기체 이온화에 의한 대기 중 전기의 원천이 지상이 아닌 대기권 밖이라는 가설은 1920년경까지도 공인되지 않았다. 일부는 토양의 우라늄이나 토리움과 같은 방사능 물질이 그러한 원천이라고 믿었다. 또 일부는 헤스의 실험장비에 어떤 결함이 있다고 믿었다. 기름방울 실험(oil-drop experiment)을 고안해 전자의 기본 전하량을 측정한 미국의 로버트 밀리컨은 대기 중 기체를 이온화하는 에너지의 투과력을 측정하기로 결심했다.

밀리컨은 대기 중 전기를 발생시키는 에너지의 정체가 방사능 물질에 의한 복사선의 일종일 거라고 생각했다. 지구상의 자연 방사선 중 가장 강한 것도 수중 2미터 이상을 투과할 수 없다. 정말 대기 중 전기를 발생시키는 에너지의 원천이 지구 밖에 있다면, 대기권을 뚫고 들어온 그 에너지의 흔적은 호수 같은 곳에서도 발견되어야 할 것이다. 밀리컨과 그의 조수 조지 카메룬은 수심 3,650미터인 캘리포니아의 뮤어 호수와 수심 1천 5백 미터인 애로헤드 호수를 실험장소로 택했다. 그들은 지상의 방사선에 영향을 받지 않는 호수 깊은 곳에 검전기를 설치했다. 대기 중에 전기를 발생시킨 에너지는 그 투과력이 감마선보다 18배 정도 높아야 호수 깊은 곳에서도 감지될 수 있다. 밀리컨과 카메룬이 설치한 검전기는 수중 분자의 이온화에 의한 전기 현상을 보여줬다.

밀리컨과 카메룬의 실험은 대기 중 전기를 발생시키는 에너지의 원천이 지상이 아니라 대기권 밖이라는 헤스의 결론을 공인시키는 데 결정적 기여를 했다. 밀리컨은 그 에너지의 정체가 외계 항성 형성 중 방출된 아주 짧은 파장을 갖는 빛, 곧 고에너지의 광자(photon)라고 여기고 '우주선(cosmic rays)'이라 명명했다.

그러나 독일의 콜회르스터와 발터 보테는 우주선이 광자라는 밀리컨의 입장을 반박했다. 그들은 가이거-뮐러 계수관(Geiger-Müller counter)을 이용해 우주선이 전하를 띤 입자임을 보였다. 우주선이 광자와 달리 질량을 가진 입자라면 지구 자기장에 반응해야 한다. 지구 자기장은 위도에 따라 다르게 나타나기 때문에, 우주선에 의한 기체 이온화 정도도 위도에 따라 달라져야 한다. 이 사실은 1932년 아서 콤프턴을 중심으로 한 그룹의 연구에 의해 확인되었다.

증거 조합 ●●●

하나의 발견은 일반적으로 여러 문제들과 맞물려 있는 만큼 복수의 증거들에 의존한다. 우주선의 원천은 어디인가? 우주선의 정체는 무엇인가? 헤스와 콜회르스터는 대기 중 기체의 이온화 정도와 고도 사이의 상관관계에 대한 증거를 확보했다. 밀리컨과 카메룬은 호수에 검전기를 설치해 우주선의 존재 증거를 확보했다. 콜회르스터와 보테는 우주선이 원자핵을 구성하는 입자일 가능성에 대한 증거를 확보했다. 콤프턴은 고도에 따른 지구 자기장의 변화와 우주선에 의한 기체 이온화 정도 사이의 상관관계에 대한 증거를 확보했다. 이러한 다발적 증거들을 조합할 때 우주선이 외계에서 지구 대기권을 뚫고 들어온 양성자(proton)와 같은 입자들이라고 결론내릴 수 있다. 헤스는 우주선 발견에 기여한 공로로 1936년 노벨 물리학상을 받았다.

 더 생각해볼 것

1 ◆ 대기 중 기체 이온화 현상의 원천이 지상인지 외계인지를 확인하기 위해 헤스는 기구를 이용해 5천 미터 상공까지 올라갔다. 콜회르스터가 다시 기구를 이용해 9천 미터 상공까지 올라간 이유는 무엇일까?

2 ◆ 밀리컨 연구팀의 호수 실험이 헤스의 가설을 견고하게 만든 과정을 재구성해 보자.

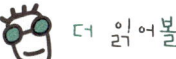

더 읽어볼 것

◆ Federmann, G.(2003), *Viktor Hess und die Entdeckung der Kosmischen Strahlung*, 비엔나 대학 자연과학부 석사학위 논문.

◆ "Millikan's Cosmic Rays"(1932), *Time* 2월 1일자 기사.

◆ Schlaepfer, H.(2003), "Cosmic Rays", *SPATIUM*, no.11.

3

우주배경복사★★
― 측정가의 정신

관련 글: 우주선, 세페이드 변광성

아노 펜지어스와 로버트 윌슨은 안테나에 수신된 마이크로파를 조사
하던 중 우주배경복사(cosmic microwave background radiation)를 확
인하게 된다. 우주배경복사 발견 당시 펜지어스와 윌슨은 천문학에
특정 우주론이 뒤섞이는 것을 경계했다.

잡음 제거 ●

적외선과 라디오파 사이의 파장을 갖는 마이크로파 복사의 원천은
다양하다. 라디오 방송, 지구의 대류 현상 등이 그러한 원천이 될 수
있다. 또 다른 원천은 은하계 사이에 존재하는 수소들이다. 따라서
지구 외곽에서 들어오는 마이크로파는 은하계에 대한 중요한 정보를
담고 있다. 전파천문학(radio astronomy)은 외계에서 수신된 마이크
로파에 근거해 은하계의 구조와 형성 과정을 연구하는 분야다.

전파천문학에 쓰이는 도구는 전파망원경이다. 안테나와 복사계
(radiometer)는 전파망원경의 중요한 두 구성 단위이다. 안테나는 특

정 방향에서 수신된 마이크로파를 증폭시킨다. '메이저(maser)'는 마이크로파 증폭장치를 일컫는다. 복사계는 안테나에 수신된 마이크로파의 강도를 측정하는 장치다.

전파천문학 작업에서 골칫거리 중 하나는 잡음이다. 안테나에 수신되는 마이크로파 복사의 원천이 다양하기 때문이다. 심지어 안테나 자체가 마이크로파를 발생시킬 수도 있다. 따라서 외계에서 수신된 마이크로파만을 선택적으로 골라내기 위해서 잡음 제거는 전파천문학의 필수적인 작업이다.

비둘기 배설물과의 싸움 ●●

펜지어스의 관심사는 메이저 증폭장치를 사용해 외계 마이크로파를 조사하는 것이었다. 윌슨 또한 개선된 메이저 증폭장치가 은하계 지도를 그리는 데 도움이 된다고 여겼다. 둘은 인공위성 에코(Echo)와의 통신장치로 개발된 벨 연구소 안테나를 사용하기를 원했다. 1963년 최초의 통신위성인 텔스타(Telstar)가 에코를 대체하게 되면서, 나팔 모양을 한 그 안테나의 사용처가 애매해졌기 때문이다. 벨 연구소는 순수 천문학 연구를 위해 펜지어스와 윌슨에게 안테나 사용을 허락했다.

펜지어스와 윌슨은 특이한 점을 발견했다. 안테나 수신 방향과 무관하게 절대온도 3K의 잡음이 잡혔던 것이다. 그들은 안테나 안에서 비둘기들의 보금자리를 발견했다. 그들은 비둘기들을 포획하고 안테나에서 멀리 떨어진 곳에 방사시켰다. 펜지어스와 윌슨은 비둘기 배설물을 치우고 안테나를 청소했으나, 3K 잡음은 계속 나타났다. 게다가 비둘기들은 다시 돌아와 안테나에 둥지를 틀었다. 펜지어스와

나팔 모양의 벨 연구소 안테나 옆에 서 있는
펜지어스와 윌슨(벨 연구소)

윌슨은 어쩔 수 없이 비둘기들을 죽이기로 결정했다. 그러나 3K 잡음은 사라지지 않았다. 그들은 그 잡음이 훗날 그들에게 노벨 물리학상을 안겨줄 것이라고는 전혀 예상하지 못했다.

측정가의 정신 ●●●

펜지어스와 윌슨은 결국 3K 잡음이 외계 모든 방향에서 수신된 것이라고 결론지었다. 하지만 도대체 3K 잡음의 그러한 등방성(等方性)의 원인은 무엇인가? 펜지어스와 윌슨은 지인을 통해 프린스턴 대학의 제임스 피블스와 로버트 디키의 작업을 듣고 디키와 접촉하게 된다. 피블스와 디키는 1940년대 말 조지 가모프가 제안한 빅뱅설에 따라 우주배경복사 가능성을 연구하고 있었다.

가모프는 무거운 질량의 원소가 형성되는 과정을 연구했다. 그는 작은 불덩이와 같은 우주가 터지면서 그런 원소가 생성되었다는 가설을 세웠다. '빅뱅'이란 용어는 원래 '빵(bang)!' 하고 터진 우주 개념을 비꼬기 위해 영국의 천문학자 프레드 홀리가 BBC 라디오 인터

뷰에서 처음 사용한 말이었다. 정상우주론(steady state cosmology) 을 주장한 홀리는 무거운 원소가 빅뱅 과정이 아니라 항성 내부에서 생성됨을 증명했고, 가모프도 자신의 가설을 수정해야만 했다. 가모프의 협조자 랠프 알퍼와 로버트 허먼은 1948년 빅뱅의 흔적을 복사 형태로 검출할 수 있다는 가설을 세웠다. 그들의 계산 결과에 따르면, 팽창하면서 식어가는 우주의 배경복사는 5K였다. 그리고 1960년대 피블스와 디키가 알퍼와 허먼의 계산을 반복한 것이다.

펜지어스, 윌슨, 디키는 안테나에서 검출된 마이크로파 신호를 함께 분석하고 3K 배경복사가 외계의 모든 방향에서 들어온 것임을 확인했다. 그러나 1965년 셋이 공동 보고서를 작성할 때 펜지어스와 윌슨은 자신들의 작업에 빅뱅설이 언급되는 것을 허락하지 않았다. 이를 두고 어떤 이론물리학자는 그들이 고정관념에 사로잡혀 있었다고 말한다.

정말 고정관념 때문에 펜지어스와 윌슨이 1965년 공동 보고서에서 빅뱅설에 대한 언급을 허락하지 않았던 것일까? 과학적 가설은 적어도 유사한 조건 아래 유사한 측정 결과를 보여주는 실험 작업의 지원을 받을 수 있는 것이어야 하며, 또 엄밀한 예측력을 지녀야 한다. 펜지어스와 윌슨은 빅뱅설이 그러한 과학적 가설의 자격을 가졌다는 것에 유보적 입장을 취했던 것이다. 실제 당시 빅뱅설에 함축된 우주배경복사는 3K가 아니라 5K였고, 빅뱅설은 그들의 측정 결과에 맞춰 수정된다. 우주배경복사의 등방성이 문제가 되자 우주가 빅뱅 후 바로 급격히 팽창했다는 가설이 제안되었다. 계속되는 천체 현상의 새로운 발견에 맞춰 빅뱅설은 수정되어 왔고, 이 때문에 자의적이라는 비판도 받는다.

빅뱅설로 노벨 물리학상을 받은 과학자들이 있는 것은 사실이지만 그렇다고 해서 빅뱅설에 근거한 우주론이 확증되었다고 단언할 수는 없다. 모든 천문학자들이 빅뱅설에 근거한 단 하나의 우주론을 지지하는 것은 아니다. 관측과 측정을 우선시하는 천문학자들에게 항성과 은하의 구조 및 진화의 탐구 차원을 넘어 우주의 탄생 기원과 크기를 따지는 우주론은 부수적인 것일 수 있다. 사실 모든 방향에서 검출되는 배경복사 3K의 존재를 발견했을 당시, 펜지어스와 윌슨은 이것을 빅뱅설에 대한 결정적 증거로 여기지 않았다. 윌슨은 1978년 노벨상 수상 강연에서 이렇게 회고했다. "아노(펜지어스의 이름)와 나는 우리의 보고서에서 배경복사의 기원을 둘러싼 우주론적 이론이 논의되지 않도록 주의를 기울였다. 우리는 우주론적 작업에 관여하지 않았기 때문이다. 더욱이 우리는 우리의 측정이 우주론적 이론과 무관하며, 그런 이론보다 오래 남을 것으로 생각했다."

 더 생각해볼 것

1 ◆ 1979년 노벨상을 수상한 이론물리학자 와인버그는 윌슨이 우주배경복사 발견 당시 빅뱅설을 받아들이지 않은 것에 대해 일종의 아이러니라고 언급했다. 그의 이러한 언급은 어떻게 평가되어야 할까? (펜지어스와 윌슨이 3K 잡음을 발견했을 당시, 빅뱅설에 함축된 우주배경복사 온도는 5K였다는 사실에 주목하자.)

2 ◆ 펜지어스와 윌슨이 안테나 잡음을 없애보려고 비둘기를 죽이기로 결정한 것에 대해 어떻게 생각하는가?

더 읽어볼 것

◆ 스티븐 와인버그 지음(2005), 『최초의 3분』, 양문.

◆ Wilson, R.W.(1978): "The Cosmic Microwave Background Radiation", Nobel Lecture.

◆ http://www.bell-labs.com/history/laser/invention/cosmology.html

4

세페이드 변광성*

— 측정

관련 글: 우주배경복사, 우주선

항성 및 은하계의 거리를 측정하고 성분을 분석하는 일은 천문학과 천체물리학에서 매우 중요한 작업이다. 지구에서 아주 멀리 떨어진 천체의 거리 측정에서 가장 신뢰할 만한 방법 중 하나는 세페이드 변광성(cepheid variables)의 발광 주기를 이용하는 것이다. 그러한 방법은 여성 천문학자 헨리에타 리비트에 의해 고안되었다. 리비트의 방법에 근거해 에드윈 허블이 다른 은하계의 존재를 규명함으로써 우주의 크기는 더욱 확대되었다.

거리 측정 ●

물체의 위치는 관측 장소에 따라 상대적으로 다르게 나타난다. 장소 A와 B에서 검은 구는 회색 구의 위치로 관측된다. 이러한 겉보기 위치 변화에 대해 시차각도 P가 대응된다. 시차각도는 실제 거리를 측정하는 데 중요한 단서가 된다. 행성 및 항성의 거리 측정에서 아주 오래된 방법은 시차(parallax)를 이용하는 것이다. 지구의 공전에 의

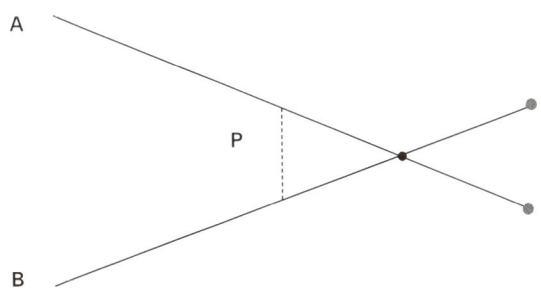

해 행성 및 항성의 거리는 계절별로 다르게 나타난다. 이러한 거리 차이에 특정 '시차각도'가 대응된다. 특정 행성 및 항성의 시차각도와 태양과의 시차각도를 비교하면 그 행성 및 항성의 거리를 추정할 수 있다.

그러나 시차를 이용한 거리 측정법은 아주 멀리 떨어진 천체 물체에 대해서는 사용할 수 없다. 관측 대상의 거리가 관측자로부터 멀어지면 멀어질수록 시차각도는 아주 작아지고, 그러한 시차각도에 대응하는 거리 차이는 관측하기 힘들기 때문이다. 지구에서 멀리 떨어진 항성 및 은하계의 거리는 주변 세페이드 변광성 발광 주기에 근거해 측정되곤 한다. 이러한 측정방법에 지대한 공헌을 한 사람이 리비트이다.

세페이드 변광성 ● ●

청각장애를 갖고 태어난 여성인 리비트에게 과학의 문은 굳게 닫혀 있었다. 대학을 졸업한 그녀는 1895년 하버드 칼리지 천문대에서 자원봉사자로 일했다. 하버드 칼리지 천문대는 1839년에 설립되었다.

자오선 광도계(meridian photometer)를 개발한 에드워드 피커링이
1876년부터 그 천문대를 이끌고 있었다. 그는 1902년 리비트를 정식
직원으로 고용했다. 피커링은 천체에서 얻은 각종 사진을 분류하고
분석하는 지루한 작업에 여성이 더 탁월하다고 여겼다. 그가 고용한
여성들의 일당은 25~30센트에 불과했다. 이 때문에 일부 페미니스
트들은 그 여성들을 '피커링의 하렘(Pickering's Harem)'의 노예로
묘사하기도 했다.

20세기 초만 하더라도, 계산하는 일을 발견 작업에서 배제하는 고
정관념이 지배하고 있었고, 여성들은 계산 작업에만 적합하다고 여
겨졌다. 피커링은 적어도 그러한 고정관념이 지배하던 시절, 여성들
에게 천문학의 문을 열어줬고, 당시 여성들은 그 작은 기회나마 소중
히 여겼다. 자신의 호기심을 채워줄 수 있는 연구에 참가할 수 없었
던 레비트는 천체 관측 사진을 분석하고 분류하는 작업을 떠맡았다.
그녀 혼자서 2,400개 이상의 세페이드 변광성을 발견했다. 수소가
고갈된 상태에서 헬륨 융합만으로 에너지를 방출하는 세페이드 변광
성은 주기적으로 발광한다.

리비트의 작업은 천체 사진을 분류하고 분석하는 데 그치지 않고, 세페이드 변광성의 주기와 절대 밝기(absolute brightness) 혹은 실광도(luminosity) 사이의 상관관계를 발견했다. 세페이드 변광성의 발광 주기가 길면 길수록 절대 밝기도 강하다. 그러한 절대 밝기와 겉보기 밝기(apparent brightness), 곧 눈의 망막을 자극하는 광도 사이의 비교는 세페이드 변광성 주변의 거리를 알려준다. 사진 분석에 근거해 거리를 측정하는 리비트의 방법은 1913년 학계에 공인되어 '하버드 표준(Harvard Standard)'으로 명명되었다.

절대 밝기와 겉보기 밝기를 비교하며 천체의 거리를 계산하고 정리한 여성들의 작업은 현대 천문학과 천체물리의 토대를 닦았다. 하지만 그들의 작업은 합당한 대우를 받지 못했다. 명예 박사학위도 받지 못한 채 리비트는 1921년 암으로 사망했다.

다른 은하계 ●●●

네덜란드의 천문학자 아드리안 판 마넌은 윌슨 산 천문대에서 빠르게 회전하는 나선형 모양의 성운을 관측했다. 마넌의 관측은 논쟁을 불러일으켰다. 나선형 모양의 성운은 우리 은하계의 일부분일까, 아니면 우리 은하계 바깥에 존재하는 또 다른 은하계일까? 할로 섀플리는 마넌이 관측한 성운의 크기를 계산해냈다. 그는 그 성운이 우리 은하계의 일부라고 여겼다. 반면에 히버 커티스는 그 성운이 우리 은하계의 외부에 존재한다고 여겼다.

또 다른 은하계 존재 가능성을 둘러싼 논쟁은 허블에 의해 끝나게 된다. 허블은 1923년 윌슨 산 천문대에서 일하고 있었다. 그는 안드로메다 성운에서 세페이드 변광성을 발견했다. 그 세페이드 변광성의 발광 주기는 곧 안드로메다 성운의 거리를 알려주는 신호와도 같다. 허블은 리비트의 거리 측정방법에 근거해 안드로메다 성운의 거리를 측정했다. 허블이 측정한 원래 거리는 후에 수정되는데, 안드로메다 성운은 지구에서 약 2백만 광년을 여행해야 도달할 거리에 있으며, 그 직경은 3만 3천 광년에 달한다. 안드로메다 성운이 우리 은하계 외부에 위치한 또 다른 은하계로 인정되면서, 우주의 크기는 대폭 확대되었다. 이제 우주는 항성들로 구성된 은하계들의 모임이 된 것이다.

 더 생각해볼 것

1 ◆ 화성과 수성의 거리를 측정할 때 지구를 중심으로 한 화성의 시차각도가 수성의 시차각도보다 작은 사실을 시각적 도식으로 만들어보고 설명해보자.

2 ◆ 일상생활에서도 절대 밝기와 겉보기 밝기가 동일하지 않는 경우를 경험할 수 있다. 이에 대한 하나의 실례를 들어보자. 그 실례를 가지고 측정이 단순한 관찰이 아님을 설명해보자.

3 ◆ 다음 지문을 읽고 어떤 이유에서 허블이 빅뱅설에 잠정적 입장을 취했는지 추측해보자. (도플러 효과는 적색편이 현상에 대한 여러 설명 중 하나라는 사실에 주목하자.)
"우주의 크기가 확대되면서, 슬리퍼가 1916년 성운들의 스펙트럼 분석에서 발견한 '적색편이(redshift)'에 학자들의 관심이 집중되었다. 적색편이 현상에 대한 첫 번째 해석은 그 원인을 은하계 운동과 관련시키는 것에 근거한다. 이 경우, 오스트리아의 도플러가 발견한 '도플러 효과'에 적색편이 현상이 대응된다. 도플러 효과는 발광체와 관찰자 사이의 상대 운동에 따른 파동의 변화를 해석한 것이다. 발광체가 관찰자로부터 빠른 속도로 멀어지면, 스펙트럼상에 적색편이 현상이 나타난다. 어떤 은하계가 멀리 떨어져 있을수록 적색편이 현상이 두드러지게 나타난다면, 그 은하계는 우리 은하계에서 빠른 속도로 멀어지고 있는 것이다. 반면에 우주 팽창설은 물질을 담은 공간 자체의 확장을 의미한다. 태초의 우주 공간은 현재 모든 은하계를 구성하는 물질을 담은 작은 점과 같은 상태였다. 태초의 우주 공간이 대폭발 후 식으면서 팽창해 현재의 모습을 갖게 되었다. 이러한 빅뱅에 의한 우주 팽창설의 모형은 마치 고무풍선을 부는 것에, 그리고 은하계들은 고무풍선 표면에 찍힌 무늬들에 비유된다. 고무풍선이 커지면 커질수록 고무풍선 표면의 무늬들은 서로 멀어진다. 고무풍선에 비유되는 우주 팽창설이 적색편이 현상에 대한 두 번째 해석이다."

두 번째 해석은 첫 번째 해석을 함축할 수 있지만, 그 역은 성립하지 않는다. 또한 적색편이 현상의 원인이 반드시 발광체의 후퇴운동과 관련된 것만도 아니다. 빛이나 X−선이 전자기장을 통과할 때에도 적색편이 현상이 나타날 수 있다.

더 읽어볼 것

◆ Arp, H.C. (1998), *Seeing Red: Redshifts, Cosmology and Academic Science*, Apeiron.

◆ Gribbin, J. (1986), *In Search for the Big Bang*, Bantham Books.

◆ Shearer, B.F. & Shearer, B.S. (ed.) (1997), *Notable Women in the Physical Sciences: A Biographical Dictionary*, Greenwood.

5

비전*
— SF

관련 글: 과학적 탐사, 세페이드 변광성

과학자나 공학자가 어떤 아이디어의 실현 가능성에 대한 비전을 얻는 통로는 다양하다. 공상과학, 곧 SF 소설, 드라마 혹은 영화가 그녀 혹은 그에게 그러한 비전을 열어주는 계기가 되기도 한다.

오베르트 클래스 ●

오베르트 클래스(Oberth Class)는 추진기관을 담은 몸체에 접시를 올려놓은 모양의 우주선들을 일컫는다. 오베르트 클래스에 속한 우주선은 은하계 행성연방의 정찰, 운반, 탐색을 담당하고 있다. 오베르트 클래스는 23~24세기를 배경으로 한 SF 시리즈 〈스타트렉, 다음 세대(Star Trek, The Next Generation)〉에 등장한다. 극작가이자 방송 연출가인 유진 로덴베리에 의해 탄생한 〈스타트렉〉은 SF 시리즈물 중 최장수 프로그램으로 기록된다. 스타트렉 마니아를 지칭하는 트레키(Trekkie)라는 용어는 영어사전에도 등재되어 있을 정도다.

　오베르트 클래스라는 명칭은 유인 우주탐사를 실현하려고 했던 루

오베르트 클래스의 USS
Grissom 모형

마니아 태생의 독일 물리학자 헤르만 오베르트를 기리기 위해 붙인
것이다. 오베르트는 러시아의 콘슨탄틴 치올콥스키, 미국의 로버트
고더드와 함께 현대 로켓공학 및 우주비행학의 기초를 닦은 인물로
평가된다.

유인 우주탐사의 가능성 ●●

오베르트는 제1차 세계대전이 끝난 후 전공을 의학에서 물리학으로
바꿨다. 그는 1922년 로켓을 이용한 지구 탈출 가능성을 다룬 학위
논문을 제출했지만, 교수들은 그의 논문을 받아들이지 않았다. 오베
르트는 물리학 박사 취득에 다시 도전하는 대신 책을 통해 자신의 아
이디어를 세상에 알렸다. 과학기술 공동체의 주목을 받게 된 그는
1929년 유인 우주탐사 가능성을 좀더 체계적으로 다루어 책으로 출
간했다.

오베르트의 기본 아이디어는 치올콥스키나 고더드와 마찬가지로

오베르트

강한 반발력을 이용해 지구 중력을 탈출할 수 있는 로켓을 설계하는 것이었다. 반발력은 추진제를 폭발시켜 외부로 기체를 분사시킬 때 얻어진다. 그러한 반발력이 지구 중력보다 크다면, 로켓은 지구를 탈출할 수 있다.

그러나 로켓과 같은 인공물은 과학 이론을 응용하여 디자인될 수 있는 것이 아니다. 로켓의 지구 탈출 가능성 및 탈출 속도는 기존의 이론에 근거해 저울질되고 계산될 수 있지만, 이러한 이론으로 어떻게 로켓을 탈출시킬 수 있는가라는 문제를 해결할 수 있는 것은 아니다. 이론은 그러한 문제를 푸는 과정에 개입하는 여러 가지 중 하나일 뿐이다. 오베르트가 직면한 가장 큰 문제는 아주 단순한 것이었다. 추진제와 연료는 빠르게 소모되지만, 로켓 몸체의 질량은 일정하게 유지된다. 당시의 기술적 한계로 로켓은 공중으로 올라가다가 십중팔구 추락할 것이다.

오베르트는 다단계 추진 로켓을 디자인했다. 대형 로켓에 소형 로켓을 장착시키고, 발사 후 일정 상공에서 대형 로켓을 분리시키는 방식이었다. 대형 로켓이 분리될 때의 반작용으로 소형 로켓은 다시 한번 가속된다. 이러한 다단계 추진 로켓의 디자인은 지금도 사용되고 있다. 오베르트는 다단계 추진 로켓을 이용한 행성 탐사가 실현되기를 꿈꿨다. 그의 꿈은 아직도 실현되지 않았지만 여러 작가와 연출가의 상상을 자극했다. 1929년 독일 영화감독 프리츠 랑은 〈달 속의 여인(Frau im Mond)〉이라는 영화를 제작했으며, 기술 자문은 오베르트가 맡았다.

오베르트는 1929년 액체연료를 사용한 로켓을 떠올렸는데, 후에 로켓 연구의 한 획을 긋는 베르너 폰 브라운이 그의 조교로 일했다. 둘은 제2차 세계대전 중 독일 나치의 V2 로켓 계획에 참가했다. 전후에 브라운은 미국으로 건너가 평생 로켓을 연구했고, 오베르트는 세계 각지를 돌아다니며 로켓 연구를 도왔다.

비전의 통로 ●●●

오베르트의 관심이 갑자기 의학에서 로켓 연구로 이동한 것일까? 그렇지 않다. 오베르트는 어린 시절 쥘 베른의 『지구에서 달까지(From the Earth to the Moon)』를 읽고 깊은 감명을 받았다. 쥘 베른의 그 소설은 그에게 로켓을 이용한 유인 우주탐사에 대한 비전의 통로였던 것이다.

SF 소설이나 영화에는 상상 속에서나 가능할 뿐 실제로는 실현 불가능하거나 현재의 이론에 상반되는 내용들도 담겨 있다. 〈스타트렉〉에서 빛보다 빠르게 비행할 수 있는 우주선은 현재의 이론에 비추어 실현 불가능한 것으로 여겨진다. 하지만 그 속에는 현재의 과학기술

지식에 근거한 각종 디자인, 과학기술의 활용방식, 그 결과에 대한 평가방식 등이 배어 있다. 그러한 것들은 특정 소설 혹은 영화가 SF와 판타지 중 어느 쪽에 가까운지를 결정하는 요인들이다.

만약 쥘 베른의 소설이 상상 속에서만 가능한 요소 혹은 과학기술에 관한 사회적 문제들을 지나치게 많이 담고 있었다면, 어린 오베르트에게 유인 우주탐사에 대한 비전의 통로가 될 수 없었을지도 모른다. 이 점은 SF 장르가 성인층의 점유물이 된 현대사회에서 나타나는 문제점을 부각시켜준다. 아동 및 청소년의 마음속에 발견에 대한 비전을 심어줄 수 있는 SF 소설이나 만화영화의 자격은 무엇일까? 예를 들어 생각해보자. 전투용 로봇이 현재의 과학기술 수준에 비추어 실현 가능한 것일지라도, 로봇 설계나 제작 과정이 빠진 채 로봇들의 전쟁 장면으로 꽉 찬 만화영화가 과연 우리 아이들의 마음속에 발견에 대한 비전을 심어줄 수 있을까? 이러한 문제는 우리에게 토론거리로 남아 있다.

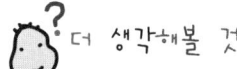
더 생각해볼 것

1 ◆ 오베르트 클래스의 우주선은 오베르트가 생각한 다단계 추진 로켓이 아니다.
하지만 우주선의 접시형 부분에 타고 있는 승무원들이 재빨리 탈출해야 하는
위기상황에 대비해 다단계 추진 로켓의 아이디어는 여전히 쓸모가 있다. 그 이
유는 무엇인가?

2 ◆ SF 소설도 주제에 따라 여러 성격을 갖는다. 과학기술 지식을 소개하는 것, 현
재의 과학기술 수준에 비추어 디자인 가능한 것, 특정 과학기술의 사용이 가져
올 긍정적 혹은 부정적 결과, 과학기술의 현명한 사용법 등이 그러한 주제가
될 수 있다. 여러분이 읽거나 본 SF 작품은 주로 어떤 주제에 초점을 맞춘 것
이었는가? 실례로 〈쥐라기 공원〉의 주된 주제는 무엇이었는가?

3 ◆ 내가 SF 작가라면 어떤 주제를 다루고 싶은가? 그러한 동기는 무엇인가?

4 ◆ 아동이나 청소년들에게 발견에 대한 비전을 심어줄 수 있는 SF 소설은 어떤
기준을 만족해야 하는가? 여러분의 기준에 비추어볼 때 영화 〈스타워즈〉는 청
소년들에게 발견에 대한 비전을 심어줄 수 있을까?

더 읽어볼 것

◆ 쥘 베른, 김석희 옮김(2005), 『지구에서 달까지』, 열림원.

◆ Okuda, D., Okuda, M., Mirek, D.(1999), *The Star Trek Encyclopedia*, Star Trek: Exp Upd Edition.

◆ Rauschenbach, V.B.(1994), *Hermann Oberth: The Father of Space Flight 1894–1989*, West Art.

6
발견의 연결 지도 1

가설의 신빙성을 확인하거나 가설을 생성하는 작업은 실험실 안에서만 행해지지 않는다. 가설 확인에 필요한 자료가 실험실 내에서 분리할 수 없는 물질이거나, 연구에 필요한 자원이 광범위한 영역에 걸쳐 분포된 경우, 과학자들은 직접 탐사에 나서기도 한다. 가설 확인을 위한 분석자료 수집과 연구에 필요한 자원 확보는 실제 탐사와 분리될 수 없다. 그 둘의 구분은 탐사의 주목적을 따질 때나 필요하다. 19세기 말 독일의 심해 탐사와 20세기 카시니 – 하위헌스 토성 탐사의 그 일차적 목적은 연구에 필요한 자원을 확보하는 것이었고, 대기 중 기체 이온화 현상을 일으키는 원천이 지구상 광물질이라는 가설을 확인하기 위해 헤스와 콜회르스터는 기구를 이용한 탐사를 수행했다.

탐사에 의해 가설을 확인하는 과정에서 기존 가설이 다른 가설로 대체되기도 한다. 헤스와 콜회르스터는 기구 탐사를 통해 기존 가설에 대한 반례를 얻었고, 대기 중 기체 이온화를 일으키는 에너지의 원천이 외계라는 새로운 가설을 세울 수 있었다. 밀리컨 연구팀이 호

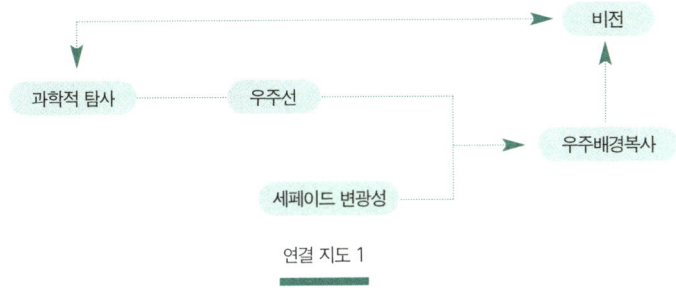

연결 지도 1

수 탐사로 그 가설을 공인하며, 콤프턴 연구팀이 대기 중 기체 이온
화 현상의 에너지원이 외계에서 날아온 소립자임을 밝힌다. 헤스에
서 콤프턴에 이르는 과정은 고립된 것이 아니라 일련의 다른 발견이
나 기술적 진보와 맞물려 있다. 헤스와 콜회르스터에게는 기구가,
그리고 밀리컨과 콤프턴에게는 더욱 정교한 검전기가 필요했다. 또
탐사 목적을 달성하기 위한 과학과 기술의 결합은 상용 가능한 인공
물을 산출하기도 한다.

연결 지도 1에서 '과학적 탐사'와 '우주선'은 화살표가 아니라 선
분으로 이어져 있다. 어떤 두 발견 사례 사이의 연결성이 특정 주제
에 근거한 것인 경우, 선분을 사용하여 표시할 것이다. 탐사라는 주
제 아래 '과학적 탐사'와 '우주선'은 서로 연결된다. 어떤 두 발견 사
례 사이의 연결성이 역사적 연관성 혹은 인과적 연관성을 갖는 경우
는 화살표를 사용할 것이다. 외계에서 온 강력한 에너지의 소립자가
대기 중 기체 이온화의 원인이라는 사실은 탐사에 근거해 밝혀졌다.
그러한 소립자 외에도 외계에서 흘러들어온 라디오파와 같은 복사파
도 천체를 연구하는 데 중요하다는 사실은 여러 우주선의 정체를 연
구하는 과정에서 밝혀졌다. 우주배경복사는 지상에서 그러한 라디오

파를 검출하여 은하계의 구조와 형성 과정을 규명해보려는 펜지어스와 윌슨의 연구에서 얻어진 예상치 못한 수확이었다.

펜지어스와 윌슨이 벨 연구소의 에코 안테나에 둥지를 튼 비둘기 배설물과 싸움을 벌일 무렵에도 다른 은하계는 여전히 존재하고 있었다. 그리고 여기에는 여전히 남성들이 과학을 지배하던 시절인 20세기 초, 리비트라는 여성의 공헌이 있었다. 태양계도 아닌 우리 은하계에서 멀리 떨어진 천체의 거리는 관찰 자료에 기하학적 방법을 적용시켜 측정될 수 없다. 리비트는 방대한 양의 자료를 분석하며 세페이드 변광성의 발광 주기와 그 거리 사이에 상관관계가 있음을 밝혀냈고, 허블은 그 상관관계에 근거해 다른 은하계의 존재를 우리에게 알려주었다.

그러나 지상에 국한된 연구만으로는 다른 은하계의 구조와 형성 과정을 밝힐 수 없다. 엑스선과 같은 짧은 파장의 빛은 대기를 통과할 수 없다. 또 외계에서 온 여러 소립자들의 성질도 대기를 통과하면서 변형된다. 다른 은하계에 대한 관심은 외계 탐사에 대한 비전을 불러일으킨다. 그러한 비전은 오베르트로 하여금 다단계 로켓을 설계하도록 자극했다. 비전을 실현하는 과정에서 과학적 탐사가 동원되고, 또 탐사는 새로운 비전을 낳는다.

2

성공을 위한
역사적 선결조건

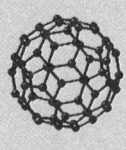

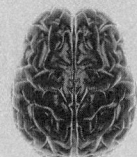

7

마취*

— 최초의 발견자

관련 글: 소독, 청백증아 수술, 팔이식

외과 수술은 해부학 지식 외에도 소독과 마취의 기법을 필요로 한다. 마취법의 발달 역사에는 의사, 화학자, 지질학자이자 전신기(telegraph)를 발명한 찰스 잭슨, 의사 크로퍼드 롱, 치과 의사 호러스 웰스, 그리고 치과 시술자 윌리엄 모튼의 기여가 있었다. 이들 각자는 자신이야말로 마취법 발견의 진정한 선구자라고 믿었다.

레테온 ●

마취법이 가장 먼저 체계적으로 발달한 곳은 외과술이 오래전부터 발달해왔던 고대 인도다. 서양의 마취법은 19세기에 이르러 발달하기 시작한다. 마취와 2차 감염을 막아주는 소독이 없었다면, 외과 수술은 그 효과를 제대로 발휘할 수 없었을 것이다. 환자의 고통과 비명으로 의사는 수술을 진행하기 어려울 것이며, 2차 감염을 막지 못할 경우, 수술은 오히려 환자를 죽게 하는 원인이 될 것이다.

　세균학이 발달하면서 효과적인 소독을 할 수 있게 되었다. 외과 수술에서 소독법은 19세기 중반이 지나서야 발달하기 시작한다. 마취법은 그보다 앞서 발견되었다. 과학자와 의사들에게 당시 마취제의 후보는 일명 '웃음 가스'라는 애칭을 가진 아산화질소, '에테르 장난'이라는 애칭을 가진 유황 에테르 그리고 클로로포름이었다. 기분을 들뜨게 하는 아산화질소와 에테르는 파티의 애용품이었는데, 파티 중 신체에 마비 현상이 나타난다는 사실은 잘 알려져 있었다. 클로로포름보다는 아산화질소와 에테르가 마취제로 먼저 학자들의 주목을 받았다.

수술 시간, 환자의 몸 상태, 나이에 따른 마취제의 양을 결정하는 것은 쉽지 않았다. 여러 의사들이 자신의 몸을 대상으로 실험을 했다. 모튼은 그들 중 한 명이었다. 그는 1846년 10월 16일 에테르 흡입기 '레테온'을 사용해 환자를 마취시키는 데 성공했다. '레테온'이라는 이름은 모튼이 그리스 신화에 나오는 망각의 강 레테에서 따온 것이다. 마취 상태에서 환자의 수술은 성공적으로 끝났으며, 매사추세츠 종합병원에서 행해진 이 시도는 최초의 성공적인 마취 시연으로 회자된다.

그러나 모튼의 시연이 세간에 화젯거리가 되자, 수술에서 마취제로 에테르를 먼저 사용했다고 주장하는 인물이 나타났다. 조지아 주의 의사 롱이었다. 또 모튼의 화학 선생이었던 보스턴의 의사이자 과학자인 잭슨이 모튼에게 이의를 제기했다. 잭슨은 모튼의 시연이 자신의 처방에 따른 것이라고 주장했다. 한때 모튼의 사업 동료였던 보스턴의 치과 의사 웰스는 자살을 한다.

레테온

기구한 인연 ●◉

젊은 시절 마취 없이 수술을 받은 경험이 있는 모튼은 환자의 고통을 줄일 수 있는 방법에 관심이 있었다. 그는 치대를 다녔지만 졸업을 하지 못했다. 모튼은 1842년 치과 의사 웰스의 조수로 일하다가 그의 사업 동료가 된다. 절실한 기독교 신자인 웰스 또한 수술 중 환자의 고통에 가슴 아파했다. 웰스와 결별한 모튼은 1844년 다시 하버드 의대에 입학했는데, 거기서 잭슨으로부터 에테르에 대한 화학적 지식을 얻는다.

당시 웰스는 자신을 대상으로 아산화질소를 실험하고 있었다. 그는 일련의 수술을 통해 자신의 성공을 확신하고 공개적으로 마취법을 시연하기로 결정했다. 하지만 기구가 파손되어 웰스의 마취 시연은 실패로 끝났다. 웰스는 이에 굴하지 않고 유럽으로 건너가 아산화질소의 위력을 전도했고 명성도 얻었다. 그러나 그가 귀국했을 때 모튼의 시연 성공으로 아산화질소는 마취법에서 에테르에게 이미 자리를 내준 상태였다.

웰스는 에테르를 사용하는 세력에 대항해 자신을 대상으로 클로로포름을 가지고 실험했다. 1848년 어느 날 클로로포름의 영향으로 웰스는 환각 상태에 빠졌다. 거리로 뛰쳐나간 그는 길거리를 배회하던 창녀들에게 황산을 뿌렸다. 감옥에 수감된 후에야 그는 제정신을 찾았고 자신이 한 일을 알게 되었다. 웰스는 클로로포름으로 국부 마취된 다리의 동맥을 끊고 자살했다.

모튼의 시연이 대성공을 거두자, 잭슨이 이의를 제기했다. 잭슨은 모튼의 시연에 사용된 에테르 처방이 자신의 것이라고 주장했다. 부와 명예를 한 번에 가져다줄 것 같던 모튼의 일은 꼬이기 시작했다. 모튼에게 부여된 마취법의 최초 발견자라는 지위는 박탈되었고, 그는 파산한다. 그리고 모튼의 지지자들과 잭슨의 지지자들, 또 이미 자살한 웰스의 지지자들 사이에 공방전이 벌어졌다.

모튼은 1868년 뉴욕에 들렀을 때 마취의 최초 발견자로 잭슨을 칭송한 잡지의 글을 읽게 된다. 격분한 그는 반박 글을 쓰기로 결정하지만 곧 뇌출혈로 사망했다. 모튼은 화학적 지식을 실제 마취에 적용하지 않으면서도 자신을 물고늘어지는 잭슨을 야비한 인간으로 여겼다. 모튼이 죽자, 보스턴 시민들은 마취법의 발견자로서의 모튼을 기려 기념비를 세웠다. 모튼을 제대로 훈련받지 못한 치과 시술자, 자신의 아이디어를 훔쳐 부자가 되려고 한 기회주의자로 여겼던 잭슨은 1873년 모튼의 기념비에 새겨진 문구를 보고 미쳐버렸다. 잭슨은 결국 사회에서 격리되어 정신병동에 갇히는 신세가 된다. 그는 1880년 정신병동에서 죽었다.

모튼의 마취 시연이 성공했다는 사실이 알려졌을 때 조지아 주의 의사인 롱은 자신이 유사한 방법을 먼저 사용했다고 주장하고 나섰다. 용의주도한 의사인 롱은 마취 상태의 수술과 그렇지 않은 수술의 결과가 어떻게 다른지 비교했다. 일종의 대조 실험을 한 것이다. 롱은 모튼과 잭슨 사이에 벌어진 암투에 개입하지 않았다. 하지만 그는 자신의 연구 결과를 공적으로 발표하지 않았기 때문에 살아 있는 동안 '마취법의 발견자'라는 칭호를 얻을 수 없었다. 롱은 사후에야 그 명칭을 얻게 된다.

최초의 발견자 ●●●

한 과학자가 다른 이보다 먼저 새로운 것을 시도한 사람, 곧 최초의 발견자가 되려고 할 때는 언제나 유사한 시도를 한 이가 있게 마련이다. 역사를 길게 보면, 과학에서 모든 최초의 발견은 집단적 노력의 산물이다. 그러나 과학의 발달을 촉진시키려면, 최초의 발견을 장려하는 제도적 장치도 필요하다. 이 양면성은 현실세계 속에 살아 기능하는 과학의 실제 모습 중 하나이기도 하다. 잭슨, 모튼, 롱, 웰스 모두가 마취의 발견 역사에 기여를 했다. 또 그들 모두는 자신이 마취법의 최초 발견자라고 믿었다.

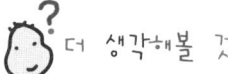

더 생각해볼 것

1 ◆ 여러분이 정책 결정권을 가진 정치가라고 해보자. 여러분은 오늘 잭슨의 사망 소식을 들었다. 그리고 고민한다. 과학을 장려하면서도 잭슨과 모튼의 갈등 같 은 것을 막거나 조율할 수 있는 제도적 조건들은 무엇일까?

2 ◆ 과학의 역사가 영웅 중심, 곧 최초 발견자들로만 서술된다면, 어떤 부작용이 나타날 수 있을까?

 더 읽어볼 것

◆ http://www.general-anaesthesia.com

8

소독★

— 잠정적 가설의 적용

관련 글: 마취, 청백증아 수술, 팔이식

소독은 세균, 바이러스, 곰팡이와 같은 미생물의 침투에 의한 조직의 감염과 부패를 막는 기법이다. 과학적 소독법의 기원은 조지프 리스터가 살균을 목적으로 소독제를 외과 수술에 적용한 1865년으로 거슬러올라간다. 로베르트 코흐 등에 의해 현대적 세균학의 모습이 갖춰지게 되면서, 소독법은 항생제와 의료용 멸균장갑을 사용하는 수준에 이르렀다.

배경 역사 ●

부패를 막는 기법은 인류 역사에서 중요한 과제였다. 그 기법은 식품의 보관 및 처리에서 시체의 보존에 이르기까지 다양하게 사용되었다. 나프타와 같은 휘발성 액체, 알코올, 동식물의 기름, 소금과 같은 염화물들이 방부제나 상처 치료에 사용된 기록은 동서고금을 통해 도처에서 발견된다. 베르나르 쿠르투아가 1811년 해조류를 화학적으로 처리해 합성한 요오드는 지금도 널리 사용되는 소독제다.

외과 수술에서 소독의 필요성은 1846년 마취법이 발견되면서 급증하게 된다. 마취법의 발달로 수술 시간 조정이 가능해졌고, 의사들은 안정된 심리상태에서 환자를 수술할 수 있게 되었다. 그러나 수술 환자 수가 늘어나면서 2차 감염에 의한 사망률도 급증했다. 많은 산모들이 원인도 모른 채 산욕열로 죽어갔다. 조직의 파괴를 동반한 복합골절 환자의 경우도 마찬가지였다. 절단 수술을 받은 환자의 경우, 사망률은 40~45퍼센트에 다다랐다.

헝가리 출신의 의사 이그나츠 젬멜바이스는 산욕열로 인한 산모의 사망률을 줄이기 위해 의사들에게 수술 전후에 소독제로 손을 씻을 것을 권고했다. 그는 병원에서 출산한 산모들과 그렇지 않은 산모들 사이의 사망률을 통계적으로 분석하여 의사들에게 묻은 이물질이 산욕열의 원인임을 확신했다. 당시에는 아직 그 이물질이 특정 세균이라는 사실은 밝혀지지 않았고, 젬멜바이스의 권고도 잊혀진다.

리스터는 1864년 부패에 관한 파스퇴르의 논문을 접한 후 수술 후 2차 감염의 원인이 조직에 서식하고 있거나 공기 중에 떠도는 미생물이라고 추정했다. 그는 당시 쓰레기 처리에 사용된 페놀산을 소독제로 선택했다. 리스터는 세균을 죽이기 위해 페놀산을 수술 부위에 뿌리고, 공기 중 세균의 침입을 막기 위해 수술 부위를 몇 겹의 거즈로 덮었다. 그의 소독법은 1865년 다리 복합골절 환자 수술에 최초로 적용되었다.

세균학이 발달하면서 외과 수술 및 환자의 치료 과정에서 소독법의 위치는 견고해졌다. 현대적 소독법은 수술 및 상처 부위를 약품으로 처리하는 것에 국한되지 않는다. 항생제는 신체 내부에서 작용하기 때문이다. 소독제에 민감한 피부를 가진 의사와 간호사를 위해 의료용 멸균장갑도 도입되었다. 윌리엄 홀스테드가 연약한 피부를 가진 수간호사를 위해 소독된 고무장갑 사용을 추천한 이후, 의료용 멸균장갑 또한 소독 역사의 한 장을 차지한다.

잠정적 가설의 적용 ●●

유기체의 부패는 소멸의 과정이기도 하지만 동시에 생성의 과정으로도 여겨졌다. 사람들은 썩어가는 유기체에 서식하는 작은 생명체들이 부패 과정에서 자연적으로 생성되는 것으로 믿었다. 부패 과정에서 발생하는 열은 생명력과 연관되었다. 자연현상을 초자연적인 것에 호소하지 않고 설명하려는 19세기 자연주의 입장에서 볼 때 미생물의 자연발생설은 매우 매력적인 것이었다. 펠릭스 푸셰는 건초더미 용액을 가열해 수은으로 채워진 플라스크에 담았다. 그리고 얼마 후 건초더미 용액에서 새로운 미생물들을 발견했다.

파스퇴르는 미생물의 자연발생설을 믿지 않았다. 그는 공기 중에 떠돌던 미생물이 건초더미 용액에 침투한 것이라고 여겼다. 파스퇴르는 공기에 노출된 상태의 당효모와 멸균 상태의 당효모를 비교하여 자연발생설 가설을 반박했다. 하지만 그의 반박은 결정적일 수 없었다. 가열에 의존한 당시 멸균 기술은 불완전했다. 푸셰의 플라스크 속의 건초더미 용액이 이미 공기 중 세균에 의해 오염되었듯이, 파스퇴르의 것도 마찬가지였다. 다만, 파스퇴르의 실험 재료인 당효모는 가열에 의해 쉽게 파괴되지만, 푸셰의 건초더미 용액에 든 미생물은 고열에도 견딜 수 있다.

부패 및 감염에 대한 세균 원인설은 리스터 당시에는 아직 공인되지 않은 잠정적 가설이었다. 잠정적 가설을 둘러싼 논쟁은 그 가설이 공인되거나 깨지기 전까지 계속된다. 리스터의 소독법은 저항에 부딪칠 수밖에 없었다. 페놀산의 강한 독성도 문제였지만, 리스터는 살균에 근거한 소독법보다 병원의 위생환경을 우선 개선해야 한다는 입장에 반대했다. 특정 질병에 특정 세균이 연관된다는 사실을 몰랐던 리스터는 감염 경로의 복잡성을 심각하게 여기지 않았던 것이다. 리스터를 중심으로 한 소독법 옹호자들과 위생환경 개선 옹호자들 사이에 극단적 대립이 발생했고, 그들의 대립은 의료 제도와 의대 학제를 둘러싼 정치적 성격도 띠고 있었다. 리스터의 소독법 옹호자들과 위생환경 개선 옹호자들 사이의 대립은 특정 세균이 특정 질병과 연관된다는 가설이 공인됨으로써 수그러든다.

코흐를 중심으로 서술되는 세균학의 핵심은 미생물이 부패와 감염의 원인임을 밝히는 데 그치지 않는다. 세균학의 핵심은 특정 질병이 특정 세균과 연관된다는 것에 있다. 각 질병에 대응된 세균명, 실례로 '탄저균', '결핵균'이라는 용어가 생겨난 것도 19세기 말 세균학에 의해서다. 코흐는 탄저병과 결핵의 원인을 규명하기 위해 실험실 내에서 세균을 배양하는 법을 발전시켰다. 동물 실험과 세균 배양법이 결합됨으로써 각 질병에 대응하는 세균들을 규명할 수 있게 된 것이다. 세균학의 발달로 자연발생설은 과학의 무대에서 사라지고, 수술 환자를 위해 소독제 사용과 위생환경 개선 중 무엇이 더 중요한가를 놓고 벌어진 대립 양상도 식어버린다.

사회적 조건 ●◦◦

강한 독성을 가진 페놀산에 의지한 리스터의 소독법이 항상 성공적이었던 것은 아니다. 그 방법은 조직의 파괴를 동반한 복합골절 및

리스터

신체 일부의 절단 수술에서 효과를 나타냈다. 부패와 감염에 대한 세균 원인 가설이 잠정적인 상태에서 리스터의 소독법이 잘 적용되기 위한 사회적 조건은 무엇이었던가? 바로 전쟁이다. 에스파냐 국왕 선출 문제를 둘러싸고 일어난 프로이센 독일군과 프랑스군 사이의 전쟁은 리스터의 소독법을 대륙에 널리 확산시켰다. 특정 질병과 특정 세균을 연관시키는 세균학의 발달로 소독법은 리스터의 방식에서 벗어나 점점 현대적인 모습을 갖추게 된다.

가설이 잠정적인 상태에서 어떤 과학자들은 세력 확장을 위해 실험에서의 약점과 가설의 한계를 은폐하거나 정치적 선동을 한다. 리스터와 파스퇴르도 그러한 과학자들로 거론되기도 한다. 그러나 그들은 누가 봐도 명백할 정도로 실험 자료를 위조하거나 변조하지 않고 자신들의 연구에 열정적이었다는 사실을 잊어서는 안 된다.

더 생각해볼 것

1 ◆ 가설이 공인되거나 사라지는 과정은 도구와 실험방법론의 발달에 의존한다. 특정 질병에 특정 세균을 연관시키는 가설이 확증되는 과정에는 실험실 내에서 세균의 수를 증식시킬 수 있는 방법, 곧 세균배양법이 결정적 역할을 했다. 그 이유는 무엇일까?

2 ◆ 가설이 공인되지 않은 상태, 곧 잠정적 상태에 머물러 있는 동안, 그 가설을 둘러싼 의견 차이는 정치적 세력 다툼으로 번지기도 한다. 과학자도 부와 명예를 무시할 수 없는 사람이기에 그러한 다툼의 중심을 차지하기도 한다. 그리고 자신의 약점을 은폐하기도 한다. 그러한 약점을 들추어내어 일명 '탐욕스러운 과학자'들을 고발하겠다면서 과학의 비판자로 자처하는 이들이 있다. 이들에 대해 어떻게 생각하는가?

 더 읽어볼 것

◆ Bankston, J. (2004), *Joseph Lister and the Story of Antiseptics*, Mitchell Lane.

◆ Cartwright, F.F. (1967), *Development of Modern Surgery*, Arthur Barker.

9

청백증아 수술★
― 편견과 차별의 그림자

관련 글: 마취, 면역, 소독, 팔이식, 혈액형

앨프리드 블래록과 헬렌 타우시그는 심장 및 혈관 결함을 갖고 태어
난 청백증아(blue baby)들을 살리기 위한 '블래록-타우시그 단락'
수술 기법을 개발했다. 그 기법을 성공적으로 적용한 사람이 의료 기
술자 비비언 토머스다. 그러나 타우시그와 토머스의 기여가 곧바로
공인된 것은 아니다. 타우시그는 난독증과 심한 청각장애를 가진 여
성이었고, 토머스는 흑인이었기 때문이다.

청백증아 ●

심장을 펌프 기관에 비유한다면, 심장은 두 개의 병렬 펌프로 구성된
기관이다. 좌심실이 압축되는 순간, 피는 대동맥을 타고 몸 전체로
흘러나간다. 우심방을 통해 들어온 피는 우심실의 압축에 의해 폐로
흘러나간다. 폐에서 산소를 공급받은 피는 좌심방을 거쳐 좌심실로
들어와 다시 대동맥을 타고 나간다.

심장 및 혈관의 결함이 피가 산소를 공급받는 폐순환 과정에 영향

을 끼칠 때 산소결핍증이 발생한다. 선천적으로 그러한 결함을 가지고 태어난 아이를 '청백증아'라고 부른다. 입술, 손톱, 발톱이 청색을 띠기 때문이다. 산소결핍증은 호흡 곤란과 성장 장애를 일으킨다. 적절한 치료법이 없던 시절, 대다수 청백증아들은 얼마 살지 못했다. 살아남은 아이들도 참기 힘든 고통을 감수해야만 했다. 통계적으로 신생아의 약 0.7%가 치명적인 선천성 심장 및 혈관 결함을 가지고 태어난다.

블래록–타우시그 단락 수술법 ●●

블래록은 1941년 존스홉킨스 병원으로부터 수석 외과의사 자리를 제안받았다. 그는 남북전쟁 때 부상자들을 치료하기 위해 기업가 코넬리우스 반더빌트의 기금으로 세워진 반더빌트 의대에 재직 중이었다. 블래록은 그곳을 떠나는 조건 하나를 제시했다. 그의 동료이자 조수인 의료 기술자 토머스를 함께 데리고 가야 한다는 조건이었다.

블래록은 반더빌트 의대 실험실에서 고혈압의 원인을 연구하고 있었다. 그는 폐 속의 혈압을 약화시키기 위해 개를 실험 대상으로 대동맥의 주 가지인 좌쇄골 동맥과 좌측 폐동맥을 연결시켰다. 이 실험은 훗날 청백증아 수술의 토대가 된다. 블래록의 실험적 수술에는 여러 도구가 동원된다. 특정 혈관을 일시적으로 분리시켜 고정하는 외과용 혈관 폐쇄장치(clamp)를 들 수 있다. 블래록이 사용한 그 외과용 수술장치는 토마스가 고안한 것이었다.

수술은 맨손으로 하는 것이 아닌 만큼, 특정 수술 기법은 수술 도구의 제한을 받는다. 블래록에게 토머스는 단순히 도구 개발자가 아니라 수술 기법의 개선자였다. 토머스는 블래록에게 반드시 필요한

생각의 기차 1

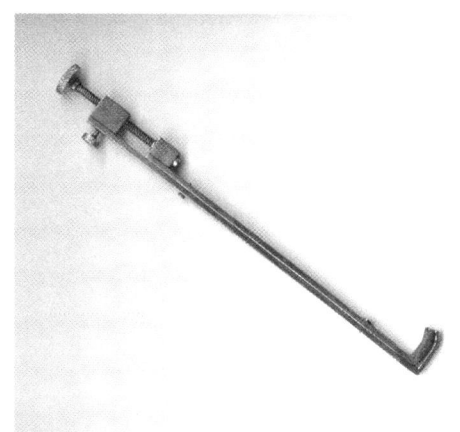

토머스가 고안한 혈관 폐쇄 장치

존재였기에, 그 둘은 30년 동안 동료로서 함께 일했다. 흑인은 백인과 함께 화장실도 함께 사용할 수 없었던 시절, 성공적인 수술에 대한 공식 보도에는 블래록의 이름만 나갔다. 하지만 블래록이 수술을 하는 동안 그의 등 뒤에는 항상 토머스가 있었다.

블래록과 토머스가 존스홉킨스 병원에 왔을 때 타우시그는 어린이 심장병을 연구하고 있었다. 자궁 속의 태아는 호흡을 할 필요가 없다. 액체로 채워진 폐 속의 심장박동은 우심실에 큰 압력을 가한다. 우심실을 보호하기 위해 태아의 대동맥과 폐동맥은 동맥관으로 연결되어 있다. 폐동맥을 통해 피가 폐로 들어가기 때문에, 동맥관은 피의 상당량이 폐를 거치지 않고 바로 동맥으로 흘러가게끔 해준다. 동맥관의 기능은 자궁 속 태아의 심장을 보호하기 위해 폐의 내부 압력을 낮추는 것이다. 태아가 태어나 호흡을 하면서 폐는 열리고, 동맥관은 막히게 된다. 동맥관이 막히는 시점은 개인마다 차이가 있다. 타우시그는 연구에서 당시 새로 도입된 엑스선 장치의 도움을 받았다. 그녀는 동맥관이 막히지 않은 청백증아들이 더 오래 생존한다는 사실을 발견했다.

호흡에 의해 폐가 기능을 하는 상태에서 동맥관이 열려 있는 경우, 자궁 속 태아의 경우와 달리 더 많은 피가 폐로 들어가게 된다. 우심실로 들어와 폐동맥을 통과하는 피와 동맥관을 통과한 피가 함께 폐 속에 섞이기 때문이다. 타우시그는 폐동맥과 대동맥 사이에 우회로를 만들면 청백증아들의 생명을 구해낼 수 있다고 확신했다. 블래록과 토머스는 그러한 우회로를 만드는 수술을 개를 대상으로 이미 시도한 적이 있다.

블래록과 타우시그는 대동맥의 주 가지인 좌쇄골 동맥과 폐동맥을 연결하는 수술법을 설계했다. 의료 기술자 토머스의 도움으로 그들은 개를 실험 대상으로 한 여러 차례의 수술을 성공적으로 마쳤다. 1944년 블래록은 레지던트 윌리엄 롱마이어와 마취 전문의 메를 하멜과 함께 세 시간에 걸쳐 생후 15개월 된 청백증아의 수술을 시도했다. 블래록의 등 뒤에서 토마스가 각종 수술도구를 적절하게 사용하는 법을 조언했다. 여자아이는 곧 호전되었으나 수술 후 9개월이 지나 사망했다. 그렇지만 블래록과 타우시그는 그들의 수술방법, 소위 '블래록-타우시그 단락' 수술법이 성공할 수 있다고 확신했다. 1945년 말까지 블래록은 65명의 청백증아들을 수술했고, 성공률은 80퍼센트에 이르렀다. 이 소식이 전해지자 블래록-타우시그 단락 수술법은 전 세계로 퍼졌고, 수천 명의 청백증아들이 생명을 건질 수 있었다.

인공혈관의 개발과 함께 블래록-타우시그 단락 수술법은 개선되었다. 현재 청백증아 치료의 가장 확실한 수술법은 직접 심장을 열어 결함 부분을 고치는 '개심술(open-heart surgery)'이다. 그러나 아주 어린 아이의 심장을 여는 것은 위험하다. 블래록–타우시그 단락 수술법은 그러한 아이가 나중에 개심술을 받기 위해 여전히 시행되고 있다.

편견과 차별 ●◌◌

청백증아 수술로 즉시 영웅이 된 인물은 블래록이었다. 그가 불순한 동기나 의도를 가졌던 것은 아니다. 블래록이 먼저 유명해진 배경에는 당시 사회의 구조적 문제가 있었다. 타우시그는 난독증과 청각장애를 가진 여성이었고, 토머스는 흑인이었기 때문이다.

존스홉킨스 의대는 미국 의학과 의학사를 진보시킨 곳으로 유명하다. 타우시그가 1921년 의대에 진학할 무렵, 존스홉킨스 의대는 아직 그 명성을 얻기 전이었다. 타우시그가 하버드 의대에 진학하려고 했을 때 하버드 대학 당국은 거절했다. 당시 하버드 의대는 여성들에게 문을 열지 않았고, 타우시그는 존스홉킨스 의대에 입학했다. 존스홉킨스 의대를 졸업한 그녀는 인턴 과정을 밟을 수 없었다. 청각장애자라는 것이 그 이유였다. 타우시그는 결국 그녀의 의도와 달리 소아과를 전공한다. 그러나 청각장애 덕에 발달한 탁월한 촉감으로 그녀는 그 누구보다도 비정상적인 심장박동을 잘 잡아낼 수 있었다. 타우시그는 소아 심장병 전문의로 성공했다.

블래록과 공동 작업을 하고 공동 논문을 썼지만 타우시그의 기여가 공인되지 않았던 세태는 그녀에게 상처가 되었다. 그녀의 기여는 점차 학계에 인정되기 시작했지만 여러 업적과 명성에도 불구하고 여성이라는 이유로 그녀는 존스홉킨스 의대의 정교수가 되지 못했다. 1962년이 되어서야 그녀는 정교수가 된다. 타우시그의 이름과

1976년 토머스의 명예박사 학위
수여식에서 토머스와 타우시그가
함께 찍은 사진

함께 따라다니는 또 하나의 사건은 과거에 수면제로 많이 사용된 탈리도마이드(thalidomide)의 부작용을 검증한 것이다. 기형아 출산의 원인이 되는 탈리도마이드는 지금 금지약품 목록에 올라 있다.

토머스는 아버지처럼 목수가 되기 위해 기술을 배웠다. 가난 때문에, 그는 대학을 1학년도 마치지 못한 채 그만둘 수밖에 없었다. 그러다 우연히 비정규직으로 블래록의 실험실에 취직하게 된다. 실험동물을 관리하는 것, 수술을 위해 실험동물에 전기충격을 가하고 수술 결과를 기록하는 것이 토머스의 임무였다. 그러나 블래록이 토머스의 탁월한 능력을 발견했다. 블래록이 있는 곳에는 항상 토머스가 있었다. 둘은 실험과 수술에서 협조자이자 동료의 관계였지만, 불평등한 사회구조 때문에 토머스는 블래록의 그림자 뒤에 묻혀 지내야 했다.

블래록과 함께 존스홉킨스 병원으로 간 이후, 토머스는 35년 동안 그곳 실험실에서 조언 임무를 맡았다. 존스홉킨스 출신의 많은 의사들이 그를 거쳤다. 토마스는 1976년 존스홉킨스 대학으로부터 명예 법학박사학위를 받았다.

더 생각해볼 것

1 ◆ 흑인은 백인과 함께 화장실도 함께 사용할 수 없던 시절, 토머스의 동료 블래
록도 여러 어려움을 겪었다. 그가 겪었던 어려움에는 어떤 것이 있었을까?

2 ◆ 우리 사회에서 여성 과학도, 공학도, 의학도는 과연 남성들과 평등한 대우를
받을까? 그렇지 않다면, 여성 과학도, 공학도, 의학도들을 위한 실질적인 개선
안이 있어야 한다. 그러한 개선안으로서 어떤 것을 제안할 수 있을까?

 더 읽어볼 것

◆ Baldwin, J. (1992), *To Heal the Heart of a Child: Helen Taussig, M.D.*, Walker.
◆ Kennedy, D.M. (2005), "In Search of Vivien Thomas", *Texas Heart Institution Journal*.
◆ Thomas, V. (1997), *Partners of the Heart*, University of Pennsylvania.

10

발견의 연결 지도 1~2

앞장에서 우리는 세페이드 변광성을 이용한 천체 거리 측정법을 살펴봤다. 그 측정법과 청백증아의 생명을 구하기 위한 블래록-타우시그 단락 수술법 사이에는 주제의 측면에서 공통점을 갖고 있다. 학문 세계가 남성의 손아귀에 있던 시절, 여성에게 가해지던 편견과 차별이 그것이다.

성공적인 외과 수술을 위해서는 선결되어야 할 최소한의 두 조건이 있다. 바로 마취와 소독법이다. 발견 과정에서 성공을 위한 선결 조건들은 역사적인 경우가 많다. 다시 말해, 해당 조건이 무르익어 그 한계가 드러날 무렵 다른 조건이 나타나게 마련이며, 이 전 과정을 사전에 인식하고 미래의 성공을 위한 단계를 밟을 수 있는 개인은 없다.

소독법보다는 마취법이 먼저 발전했다. 그러나 안전한 소독법이 부재한 상황에서 마취법을 사용하면 수술 환자는 더 위태로운 상황에 처할 위험이 있었다. 부패 및 감염의 세균 원인설이 아직 잠정적

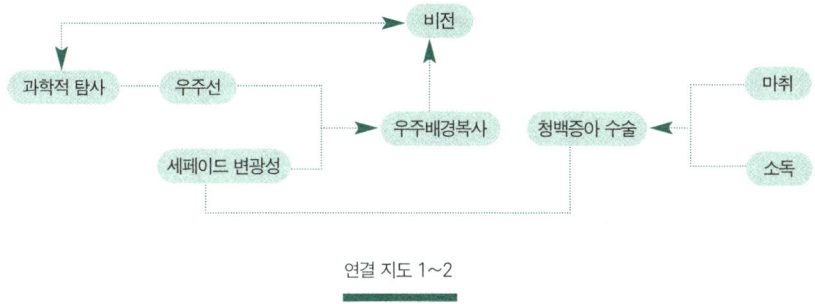

상태에 머물러 있던 시절, 소독법이 개발되어 환자를 대상으로 적용되기 시작했다.

독성이 강한 페놀 등을 소독제로 사용한 소독법의 개척자들은 세균의 감염 경로를 알지 못했다. 소독론자들 상당수는 수술 환경에 신경을 쓰지 않았다. 수술 환경의 청결을 강조한 위생론자들과 소독론자들 사이의 갈등은 피할 수 없었다. 세균학이 발달하여 특정 질병에 특정 세균이 대응한다는 사실 외에 감염 경로가 규명되면서야 위생 환경론자들과 소독론자들 사이의 갈등도 식는다. 둘 다 서로에게 필요한 존재라는 사실이 인식되었고, 또 소독제 및 소독방법도 진일보한다. 마취와 소독법의 발전은 현대적 외과 수술이 정착하는 데 중요한 역사적 계기로 평가된다.

나중에 소독법 발전을 자극한 세균학이 각종 백신 개발과 연결되는 과정을 살펴볼 것이다. 연결 1~2의 도식에서 각 역사적 발견 사건은 마치 물방울 튀기듯 역사 속에서 여러 다른 사건들과 연결된다. 다음 장에서는 연결 1~2가 어떤 식으로 엑스선 발견과 연관성을 맺는지 보게 될 것이다.

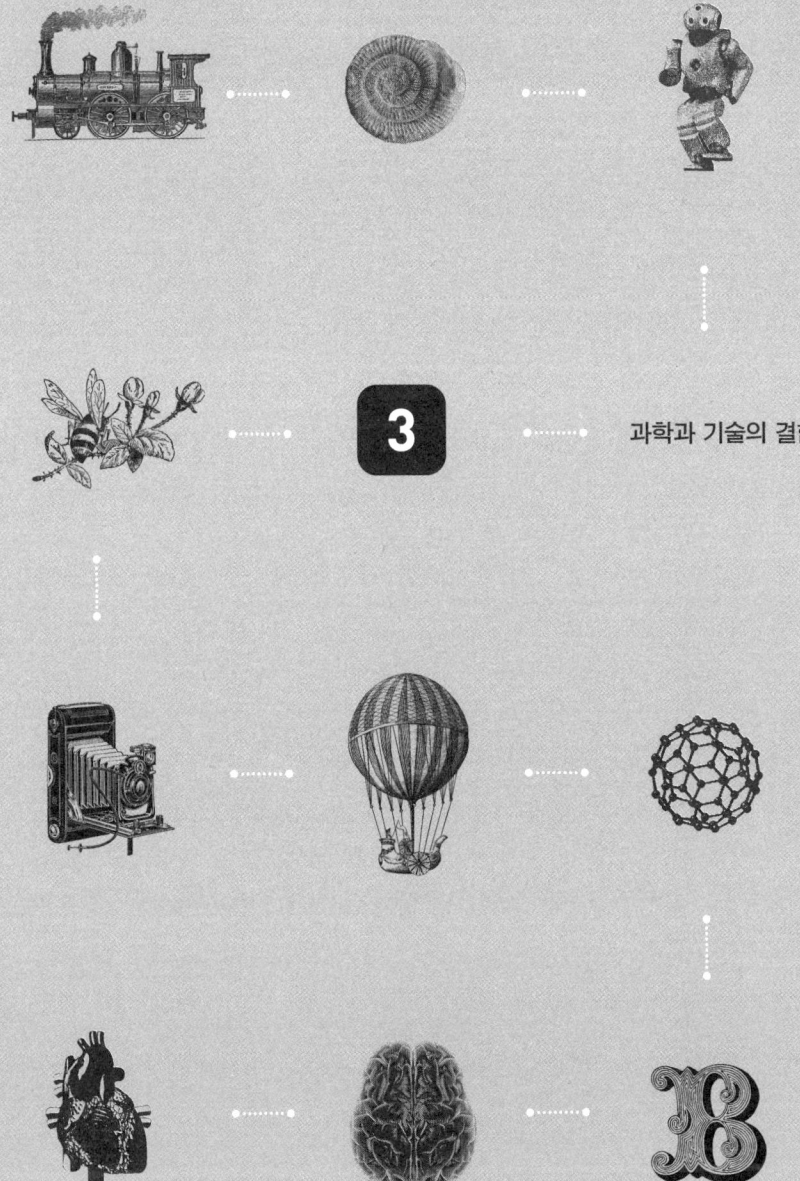

3 과학과 기술의 결합

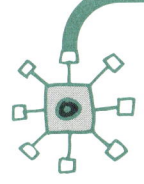

11

전기의 양화★

— 역할 교환

관련 글: 전자기유도, 전자의 발견

전기의 흐름이 나침반 바늘에 영향을 미친다는 사실을 발견한 한스 외르스테드의 실험은 프랑스 학계를 흥분시켰다. 외르스테드의 실험적 발견은 당시 알려진 자연의 힘들 사이에 상호작용이 있다는 생각을 증폭시켰다. 프랑스의 수학자이자 물리학자인 앙드레 마리 앙페르는 전기와 자기 사이에 상관관계가 있다고 확신했다. 그러나 그러한 법칙을 발견하고 방정식의 형태로 표현하기 위해서는 전기 현상을 양적으로 측정할 수 있는 방법, 곧 전기를 양화(quantification)하는 방법이 필요했다. 앙페르는 전류의 양을 측정하는 갈바노미터(Galvanometer)를 고안한다.

전기역학의 태동 ●

이탈리아의 루이지 갈바니는 죽은 개구리 뒷다리에 충격을 가하면 근육이 움직인다는 사실을 발견했다. 지금 보면 별로 대수로울 게 없는 그 발견은 당시에는 큰 파장을 일으켰다. 갈바니의 발견은 전기력, 자기력, 물질의 운동과 관련된 역학적 힘 등 여러 힘들이 서로 독립적으로 존재하는 것이 아니라 상호작용을 한다는 관점을 불러일으켰다. 이러한 관점은 뉴턴역학에서는 배제되었던 것이다.

자연의 힘들이 서로 상호작용을 한다면, 자연은 더 이상 신(神)이 설계한 수동적 기계가 아니다. 갈바니의 발견은 자연의 생산적 측면에 대한 관심을 부활시켰다. 그러한 관심에 부합하는 신 개념은 자연의 외부에서 자연을 설계한 신의 모습이 아니라 자연 자체에 내재한 생산력 그 자체로 여겨졌다. 자연의 생산적 측면은 18세기 말 독일 학풍에서 유행했는데, 덴마크의 외르스테드도 그 학풍의 영향을 받은 인물이다.

외르스테드는 1820년 전류와 열 사이의 관계를 연구하던 중 전류가 나침반 바늘을 움직인다는 사실을 발견했다. 그는 전기 흐름이 전선 주변 매질에 소용돌이를 일으킨다고 상상했다. 이 상상이 장(field) 개념의 원초적 형태다. 외르스테드의 실험은 전기력의 성질을 다루는 전기역학의 출발점으로 여겨진다. 그 실험이 가능했던 것은 화학반응에 근거해 전기를 만드는 방법을 고안한 이탈리아의 물리학자이자 과학사가이기도 한 알레산드로 볼타 덕분이다.

영광의 해 1820년 ●●

조금 과장되게 표현한다면, 1820년은 과학사에서 기적의 해 중 하나다. 전기가 자기에 영향을 미친다는 외르스테드의 발견을 같은 해 천문학자이자 물리학자인 프랑수아 아라고가 프랑스 과학학술원에 보고했다. 아라고는 전자석(electromagnet)을 고안했으며, 장 밥티스트 비오와 펠릭스 사바르는 전류에 의해 유도된 자기와 전류 사이의 상관관계에 관한 수학적 법칙을 발견했다. 앙페르 역시 1820년 11월 과학학술원에서 그 유명한 '앙페르의 법칙'을 발표했다.

앙페르의 법칙에 따르면, 원형의 폐쇄 전선에 흐르는 전류에 의해 유도된 자기장이 형성된다. 그렇게 유도된 자기장의 가장자리 경계를 따라 움직인 자석의 일량은 전체 전류에 비례한다. 전기와 자기의 상관관계에 대한 수학적 법칙 중 하나인 앙페르의 법칙은 사변이 아닌 실험에 근거한 것이었다. 사변으로는 전류의 양을 결정할 수 없기 때문이다. 전기역학이 태동하고 하나의 과학 분과로 정착한 해인 1820년, 전류를 포함한 전기의 여러 속성들을 양화할 수 있는 도구들이 고안되었다. 그러한 도구들을 이용해 전기에 대한 정교한 실험이 이루어질 수 있었고, 이를 바탕으로 전기역학 또한 탄생할 수 있었다. 전기의 속성 중 전류를 양화하여 측정할 수 있는 갈바노미터는 수학적 이론가로 잘 알려진 앙페르의 작품이다.

갈바노미터 ●●●

아라고는 코일 형태의 구리선에 전기를 가하면 그것이 마치 자석처럼 행동한다는 사실을 확인했다. 그의 실험장치는 전기를 이용한 인공자석, 곧 전자석(electromagnet)의 일종이다. 솔레노이드(solenoid)는 전자석을 변형시킨 발명품이다. 철심에 코일을 감아 전류를 조절하게끔 고안된 솔레노이드는 지금도 각종 차폐장치에 사용되고 있다.

앙페르는 아라고의 전자석에 큰 감명을 받았다. 전류에 의해 유도된 자기 현상을 전기적 속성으로 설명하는 수식을 얻기 위해, 앙페르는 이론가에서 실험가의 길을 걸었다. 전기가 자기에 영향을 미친다면, 전류의 방향과 전류에 의해 유도된 자기장의 관계는 무엇일까?

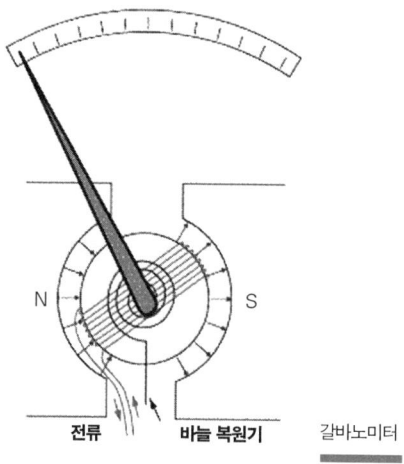

전류　　　바늘 복원기　　　갈바노미터

앙페르는 이 물음과 관계된 일련의 실험을 수행했다. 정말 전류가 자기 현상을 유도한다면, 전기가 흐르는 전선들은 자석처럼 행동할 것이다. 1820년 9월 앙페르는 동일 방향의 전류가 흐르는 두 전선 사이에는 인력이, 서로 다른 방향의 전류가 흐르는 두 전선 사이에는 척력이 발생한다는 사실을 실험으로 확인했다.

　전기와 자기 사이에 대한 일련의 실험을 통해 앙페르는 전류를 측정할 수 있는 도구인 갈바노미터를 고안했다. 갈바노미터는 전류의 세기와 전류에 의해 유도된 자기의 세기가 비례한다는 실험적 결과를 도구화한 것이다. 나침반 바늘을 길게 만든 후 전류를 흘려보내면, 전류에 의해 유도된 자기 때문에 바늘이 움직인다. 전류 공급을 끊게 되면, 바늘은 원래 상태로 복원된다. 다른 과학자들과의 의견 조정을 통해 전류량의 단위를 정하고 눈금을 매겨주면, 갈바노미터는 전류량을 측정하는 도구가 되는 것이다.

　전기역학은 이론 및 실험, 실험을 위한 도구 고안과 상호작용을 하면서 발전했다. 앙페르는 수학적 이론가일 뿐만 아니라 전기와 자기 사이의 관계를 이해하기 위해 직접 실험을 했다. 그는 전기의 한 속성인 전류를 양적으로 측정할 수 있는 도구인 갈바노미터를 고안한 발명가이기도 했다. 전자기학이 태동하고 발전하는 과정에서 고안된 여러 실험도구들은 현재 일상생활에서도 찾아볼 수 있다. 그것들은 인간의 효과적인 생존을 위한 인공 환경을 건설하는 데 큰 기여를 했다.

모든 과학자들이 이론가, 실험가 혹은 발명가로 명확히 분류되는 것은 아니다. 발견 과정 중 필요에 따라 이론가가 실험가의 역할을 하기도 하고, 실험가가 이론가의 역할을 하기도 하며, 심지어 어떤 이론가는 특정 현상에 대한 이론적 이해를 얻기 위한 도구를 발명하기도 한다. 발견 과정에서 이러한 과학자의 역할 교환은 전기역학의 발전사에 잘 드러나 있다.

 더 생각해볼 것

1 ◆ 자연자석은 온도가 높아질수록 자기 성질을 잃어버린다. 지구 내부로 깊이 들어갈수록 온도가 높아지기 때문에, 지구의 핵은 자석과 같은 것이 될 수 없다. 하지만 지구는 거대한 자기장을 형성한다. 지구를 솔레노이드에 유추한 경우, 어떻게 지구 자기장이 설명될 수 있을까?

2 ◆ 전신기는 전기신호를 이용해 통신을 할 수 있는 장치다. 갈바노미터를 전신기로 개조시키기 위해서는 어떻게 하면 될까?

더 읽어볼 것

◆ Hofmann, J.R., Knight, D. & Kohlstedt, S.G.(eds.)(1996), *André-Marie Ampère: Enlightenment and Electrodynamics*, Cambridge University.

◆ http://www.ewh.ieee.org/soc/pes/switchgear/F06Minutes/F06SWGRa12.pdf(The Ampère House)

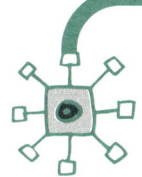

전자기유도★★
─ 약점을 강점으로 만들기

관련 글: 전기의 양화, 전자의 발견

전기가 자기에 영향을 미친다는 사실이 알려지면서, 여러 과학자들은 자기가 전기에 영향을 미칠 가능성에도 관심을 가졌다. 패러데이도 그중 한 명이었다. 자기력의 변화를 통해 전류를 발생시키는 '전자기유도(Electromagnetic Induction)' 실험에 성공한 후, 그는 지속적으로 전력을 얻을 수 있는 발전기를 고안했다. 선천적으로 기억력이 나빴던 패러데이는 정규 교육도 제대로 받지 못했다. 이러한 그가 19세기 전자기학(electromagnetism)의 대부가 될 수 있었던 이유는 호기심과 결합한 강한 의지, 예상치 못한 인생 경로, 그리고 인지적 약점을 기록 정신과 시각화 능력을 살려 극복한 데 있다.

왕립연구소의 지하 실험실 ●

패러데이가 과학자로 공인된 시기는 그 유명한 전자기유도 실험에 성공하기 이전인 1821년으로 거슬러올라간다. 왕립연구소에서 패러데이가 맡은 임무는 실험 및 강연회 준비, 장비 관리와 청소 작업 외

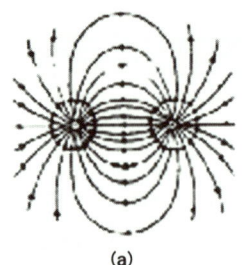
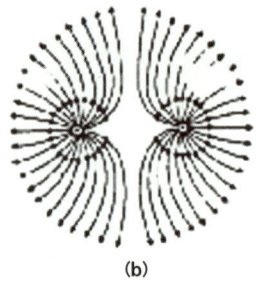

(a)   (b)

전하 주변의 자기장을 '힘의 선' 개념을 빌려 공간기하학적 패턴으로 나타낸 것이다. (a)는 두 전하가 서로 다른 극을 가진 경우에, (b)는 두 전하가 동일한 극을 가진 경우에 해당한다.

에 각종 새로운 발견을 정리해 보고하는 것이었다. 갓 결혼한 패러데이 이 부부를 위해 왕립연구소는 남아도는 방을 제공했다. 좀더 안정된 생활을 할 수 있게 된 패러데이는 전기와 자기의 쌍방향적 상호작용을 연구하기 시작했다.

패러데이는 전류가 자석에 영향을 미친다는 사실을 규명한 외르스테드와 아라고의 실험을 왕립연구소에 보고할 때, '힘의 선'이라는 개념을 사용했다. 전기력과 자기력은 서로 다른 종류의 힘일까? 전류가 주변 매질에 소용돌이를 일으킨다는 외르스테드의 사변은 장(field) 개념의 원초적 형태로 취급된다. 패러데이는 더 나아가 전기력과 자기력이 전하와 자기를 띤 물체 자체가 아니라 주변 공간에 존재한다고 가정했다. 전기력과 자기력은 그에게 서로 다른 힘이 아니다. 둘은 단지 동일한 힘의 서로 다른 표현 방식일 뿐이며, 패러데이의 이 생각은 자연계에 실제 존재하지 않는 '힘의 선'이라는 은유 속에 반영되었다.

패러데이의 힘 개념은 충돌과 같은 접촉에 의해 운동 변화를 설명

생각의 기차 1

하는 뉴턴적 힘이 아니다. 그것은 헤르만 폰 헬름홀츠 등의 노력으로 정설로 굳어진 에너지 보존법칙에 함축된 '에너지' 개념이다. 패러데이 당시에는 에너지와 힘이 개념적으로 명확히 구분되지 않았다. 패러데이는 일을 하게 해주는 능력으로서의 에너지가 공간에 퍼졌으며, 또 그 에너지가 빛, 전기, 자기, 열 등 서로 변환 가능한 여러 형태를 갖는다고 여겼다.

패러데이는 1821년 왕립연구소 지하 실험실에서 전기 외에도 화학 실험을 병행했다. 그는 염소를 용해했고 벤젠을 분리해내는 데 성공했다. 패러데이는 1824년 왕립연구소 정식 회원으로 추천받았다. 그러나 당대 영국 과학계를 대표했고 전기화학의 기초를 닦은 험프리 데이비의 반대에 부딪힌다. 데이비는 당시까지 패러데이를 동료 과학자로 여기지 않았던 것이다.

지적 성장 배경 ●●

패러데이의 아버지는 대장장이었다. 좀 더 나은 일자리를 얻기 위해 아버지는 가족을 이끌고 고향에서 런던 외곽지대로 이주했다. 13세가 되자 패러데이는 가족을 돕기 위해 서점에서 잔심부름꾼으로 일했다. 그는 14세 때부터 서점 주인 조지 리보 밑에서 제본 기술을 배웠다. 리보의 서점에서 패러데이는 많은 책을 접할 수 있었으며, 직접 여러 실험을 모방하고 노트에 기록했다. 패러데이는 자신의 타고난 약점인 건망증을 기록 습관으로 극복할 수 있었다. 많은 정보를 함축적으로 기록하는 데 시각적 표상이 가장 효과적이었다. 패러데이의 기록 습관은 정보를 시각적으로 처리하는 능력을 강화시켜주었다. 리보는 이러한 패러데이를 대견스럽게 여겼다.

생각에 잠긴 패러데이

　패러데이는 1812년 리보의 경제적 도움으로 자연철학자 존 테이텀의 '시 철학회' 강연에 참가할 수 있었다. 그 다음해 그는 데이비의 왕립연구소 강연에 참가했다. 과학이 아직까지 국가 정책의 공적 대상이 아니었기 때문에, 왕립연구소는 연구 기금을 마련하기 위해 자주 대중 강연을 열었다.

　제본 기술을 배운 패러데이는 과학자가 되고 싶었다. 그는 왕립연구소 실험 조수 자리를 얻기 위해 편지를 보냈으나 답장조차 받을 수 없었다. 패러데이는 데이비에게 직접 편지를 보냈다. 리보의 주선으로 패러데이와 데이비와의 면담이 성사되었다. 데이비의 도움으로 패러데이는 당시 공석으로 남아 있던 왕립연구소 실험 조수 자리를 얻을 수 있었다.

　패러데이에게 큰 행운이 찾아왔다. 유럽 여행을 위해 시중들 인물을 찾던 데이비 부부의 눈에 패러데이가 든 것이다. 낭만주의 계열 시에 심취해 있던 데이비에게 어려서부터 많은 철학서와 문학서를 접한 패러데이는 훌륭한 말동무였다. 또 데이비는 실험 조수가 필요했다. 18개월간 유럽 여행을 하면서 패러데이는 여러 과학자들의 실험을 직접 목격하고 그들의 토론을 들을 수 있었다. 그들의 눈에 패러데이는 데이비 부부의 몸종 정도로 비춰졌겠지만, 프랑스의 앙페르나 이탈리아의 볼타를 직접 볼 수 있다는 것 자체가 패러데이에게는 큰 영광이었다. 데이비 부부와의 유럽 여행은 그가 전문 과학자로 상승할 수 있는 경험적 토대가 되었다.

전자기유도의 발견 ●●●

데이비의 반대에도 불구하고 패러데이는 1824년 왕립연구소 회원으로 선출된다. 데이비에 대한 패러데이의 존경심은 식지 않았다. 과학자로 인정을 받은 패러데이는 전기와 자기, 빛과 자기, 화학적 반응에서 전기의 역할에 대한 연구를 심화시킬 수 있었다. 패러데이가 다이나모(dynamo)를 발견한 때는 1831년이었다.

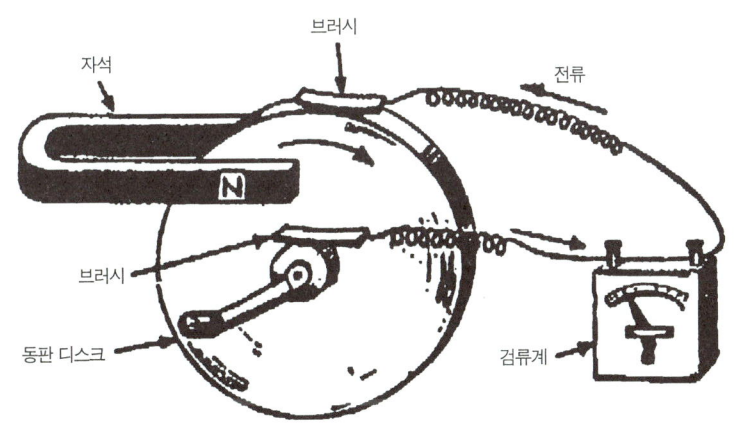

패러데이의 다이나모(dynamo)

패러데이는 전선 코일 속 자석의 반복 운동이 유도 전류를 발생시킨다는 사실을 실험적으로 규명했다. 패러데이는 철심에 구리선을 감은 솔레노이드에 전류를 통과시키면 자석처럼 작용한다는 실험을 수정함으로써 전자기유도 현상을 발견할 수 있었다. 하지만 이로부터 지속적으로 전기를 얻을 수는 없었다. 패러데이는 방전 현상을 자기장을 구성하는 힘의 선들이 끊어지는 것에 유추했다. 그는 지속적으로 방전 현상을 얻기 위해 자석 사이에 동판 디스크를 설치했다. 동판 디스크가 회전하여 생긴 자기장의 변화는 힘의 선들이 끊어지는 것에 유추된 것이다. 그러한 자기장의 변화는 전류를 발생시킨다. 이것이 패러데이 다이나모 원리다. 그의 다이나모는 오늘날 발전기의 모태가 된다.

전기역학의 법칙에 전자기유도 현상이 부가되면서, 전기와 자기 사이에 쌍방향으로 흐르는 상호작용이 존재한다는 사실이 학계에 인정되었다. 앙페르 등이 그 기초를 다진 전기역학과 전자기유도 현상을 통합해주는 이론 체계는 제임스 클러크 맥스웰이 마련한다. 그러한 이론체계는 맥스웰의 1851년 논문 「패러데이의 힘의 선들에 대하여(On Faraday's Lines of Force)」에 근거한다.

패러데이는 지력(智力)이 급속히 쇠퇴한 1850년 이후, 사실상 연구에서 은퇴한다. 하지만 왕립연구소의 대중 강연만큼은 계속 진행했다. 패러데이는 당시로서는 파격적으로 빈민층 지역학교의 어린이들을 대상으로 강연을 했다가 귀족들의 눈총을 사기도 했다. 왕립연구소에서 행한 1859년 그의 마지막 크리스마스 강연 주제는 〈촛불의 자연사(The Natural History of a Candle)〉였다. 그는 아이들 스스로 타기 전의 촛불, 타는 과정의 촛불, 탄 후의 촛불을 관찰한 후 질문을 던지게 하고, 질문에 대한 답을 찾아가는 과정 속에서 연소의 화학적 지식을 소개했다. 과학 대중서 『촛불의 화학사(The Chemical History of a Candle)』는 기체방전 현상을 연구한 윌리엄 크룩스가 패러데이의 크리스마스 강연 기록을 바탕으로 쓴 것이다.

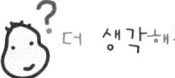

더 생각해볼 것

1 ◆ 과학자로 성공하는 데 뛰어난 수학적 능력이나 수학 지식이 반드시 필요한 것은 아니다. 이를 패러데이의 경우를 들어 설명해보자. 그럼에도 불구하고, 수학적 능력이 마치 과학자가 되기 위한 선결 조건처럼 우리 사회에 인식된 이유는 무엇일까?

2 ◆ 인간의 인지는 하나의 능력이 아니라 여러 능력의 합성된 방식으로 기능한다. 인지적 약점은 개인이 처한 환경과 의지에 따라 강점이 되기도 한다. 어떤 경우 반복 훈련을 하면 인지적 약점이 개선되기도 한다. 패러데이의 경우는 이에 해당하지 않는다. 그 이유를 설명해보자. (인지능력이 여러 개라는 사실에 주목하자.)

3 ◆ 패러데이의 다이나모에서 동판 디스크는 손으로 돌려줘야 한다. 수도꼭지에서 나오는 물을 이용해 동판 디스크가 돌아가게끔 다이나모를 설계하고 설명해보자.

더 읽어볼 것

◆ Faraday, M.(1960), *The Chemical History of a Candle*, Viking.

◆ Faraday, M.(2005), *The Forces of Matter*, Kessinger.

◆ Hamilton, J.(2004), *A Life of Discovery: Michael Faraday, Giant of the Scientific Revolution*, Random House.

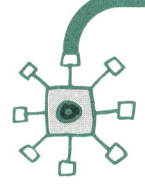

13. 전자의 발견★★

― 꼼꼼한 재검토 과정에 근거한 대범한 가설

관련 글: 원자구조, 엑스선, 전기의 양화, 전자기유도, 텔레비전

통념이나 지배적인 이론에 반하는 대범한 가설이 생겨나는 과정은 매우 다양하다. 논리적 비약과 과감한 유추에 근거해 대범한 가설을 세우는 과학자가 있는가 하면, 기존 실험들을 꼼꼼히 재검토함으로써 문제를 찾고 해결해가는 과정에서 대범한 가설을 세우게 된 과학자도 있다. 원자가 더 이상 쪼개질 수 없는 물질의 기본 단위가 아니라는, 또는 원자 자체가 내부 구조를 가지고 있다는 조지프 톰슨의 추측은 기존 실험들을 재검토하는 과정에서 나왔다.

음극선을 둘러싼 실험들 ●

영국의 윌리엄 크룩스는 1879년 유리관 속의 기체방전 현상을 연구하는 과정에서 음극선을 관찰했다. 유리관 속에는 양극의 금속판과 음극의 금속판이 장착되어 있다. 두 극판에 강한 전압이 걸린 경우, 음극판이 가열되면서 '전자들의 고속 흐름'(electron beam)이 발생한다. 아직 전자가 발견되지 않았던 크룩스의 시대에 음극선의 정체

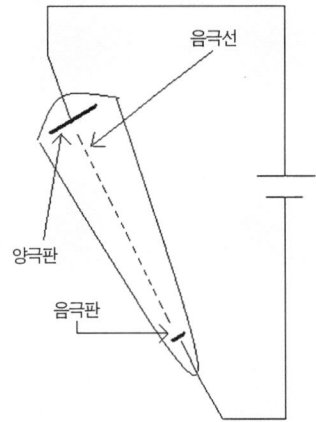

음극선

양극판

음극판

는 일종의 수수께끼와 같은 것이었다.

음극선의 정체를 규명하기 위한 일련의 실험들이 뒤따랐다. 그 실험들 중에서도 조지프 톰슨은 프랑스 장 밥티스트 페랭의 실험과 독일의 하인리히 루돌프 헤르츠와 헝가리 태생의 필리프 레나르트의 실험을 재검토하려 했다.

헤르츠와 레나르트는 1883년 유리관 외부에 자기장을 걸어 음극선 굴절 현상을 관찰했다. 그들은 자기장과 굴절 방향 사이의 상관관계를 찾는 데 실패했다. 항상은 아니지만, 그러한 상관관계를 찾는 것은 원인 규명 작업에 선행한다. 그들은 다시 음극선의 방향에 수직으로 전기장을 걸어보았다. 음극선의 굴절 현상은 나타나지 않았다. 유리관 사이에 금속박(metal foil)을 설치하니 백색의 발광 현상이 나타났다. 헤르츠와 레나르트는 음극선이 유리관 내부의 기체방전 과정 중 발생하는 강한 빛의 일종으로 여겼다. 당시에 빛은 파동의 성격만 갖는다고 여겨졌기 때문에, 그들은 음극선이 파동의 일종이라고 결론지었다.

페랭은 1895년 유리관 밖으로 음극선이 방출될 수 있도록 크룩스의 관을 개조했다. 그는 절연 상태의 밀폐된 금속 용기를 이용해 그렇게 방출된 음극선을 채집하는 데 성공했다. 검류계는 금속 용기 속에 음전하가 있음을 보여줬다. 페랭의 실험 결과는 음극선이 음전하를 띤 분자와 같은 입자일 가능성을 배제하지 않았다. 음극선이 파동의 일종인지, 입자의 일종인지를 놓고 논란이 이어질 수밖에 없었다.

톰슨의 재검토 ●●

페랭의 실험에서 음극선이 음전하를 띤 입자들이라고 추론하기 위한 필요조건은 무엇인가? 페랭이 채집한 음전하들은 원래의 음극선에서 분리되어 나온 것이 아니어야 한다. 톰슨은 1897년 이를 확인하기 위해 페랭의 실험방식을 수정했다. 톰슨의 첫 번째 실험 도식을 보자. 방전관 A에서 음극선이 발생하는데, 음극선은 '화살표'로 표시되었다. 방전관 A와 B 사이에는 좁은 슬릿(slit)이 설치되어 있다. 방전관 B에는 자기장이 걸려 있다. 방전관 B로 들어온 음극선은 그 자기장으로 인해 굴절되어 또 다른 슬릿을 통해 실린더 모양의 관으로 들어간다.

톰슨은 자기장이 걸리지 않은 상태에서 방전관 B의 음전하량을 미리 측정해두었다. 만약 페랭이 채집한 음전하들이 음극선에서 분리된 것이라면, 실린더관의 검류계에서 검출된 음전하량은 방전관 B의 것보다 적어야 한다. 하지만 결과는 그렇지 않았다. 톰슨은 페랭의 실험을 재검토하여 검출된 전하와 원래의 음극선이 서로 분리될 수 없는 것 혹은 동일한 것임을 확인했다.

음이온은 음전하를 띤 입자를 대표한다. 톰슨은 첫 번째 실험에서

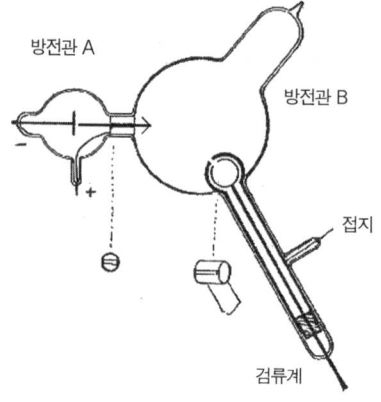

방전관 A

방전관 B

접지

검류계

톰슨의 첫 번째 실험 도식

검출된 음전하들이 음이온과 같은 입자의 성격을 갖고 있는지 확인하고 싶었다. 그러한 입자들은 자기장뿐만 아니라 전기장에 의해서도 굴절된다. 톰슨은 헤르츠와 레나르트의 실험을 재검토하기로 결정했다. 두 번째 실험 도식에서 D와 E는 전압이 걸리는 금속판이다. 전압이 걸리지 않은 경우, 곧 D와 E에 전기장이 형성되지 않은 경우, 음극선은 직선 모양으로 방출된다. 방전관 끝에 설치된 형광판의 중심부에 음극선의 흔적이 남게 된다. D에 양극이, E에 음극이 걸린 경우, 음전하를 띤 음극선은 위로 굴절된다.

왜 헤르츠와 레나르트는 전기장에 의한 음극선 굴절 현상을 얻어 내지 못했던 것일까? 음극선의 에너지로 인해 방전관 내의 기체가 이온 상태로 되어 음극선의 굴절을 방해했기 때문이다. 톰슨은 방전관 내부를 헤르츠와 레나르트의 것에 비해 진공상태에 더욱 가깝게 만들어 음극선 굴절 현상을 관찰할 수 있었다.

음극선이 음전하를 띤 입자들의 고속 흐름이라면, 그 입자들은 음극선의 원천인 금속판과 관련이 있을 것이다. 혹시 음극선은 음극의

생각의 기차 1

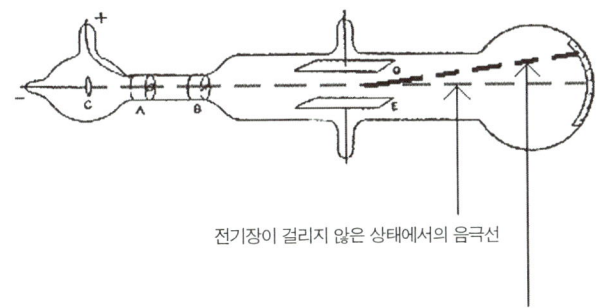

전기장이 걸리지 않은 상태에서의 음극선

전기장이 걸린 상태에서의 음극선

톰슨의 두 번째 실험 도식

금속판을 구성하는 원자들이 방출된 것은 아닐까? 이 질문에 대답하려면, 음극선 입자의 질량을 측정해야 한다. 그러나 1897년 당시에는 그 질량을 직접 측정할 기술이 없었다. 톰슨은 그 대신 '전하 대 질량비'(q/m)를 측정하기로 했다.

톰슨의 세 번째 실험은 두 번째 실험을 변형한 것이다. 전기장이 걸리는 부분에 수직으로 자기장을 걸어줄 수 있도록 했다. 전기장과 자기장을 조절함으로써 음극선은 1, 2, 3과 같은 방향을 갖게 된다. 방향 2는 무엇을 의미하는가? 전기장과 자기장이 모두 걸리지 않았거나, 전기장에 의한 힘과 자기장에 의한 힘이 서로 평형 상태를 이룬 경우다.

톰슨은 먼저 전기장을 걸어준 상태에서 음극선의 굴절각을 계산했다. 고전 전자기학의 수식에 해박한 톰슨은 '전하 대 질량비'를 변수로 취급했다. 그가 얻은 굴절각 공식에는(q/m) 외에도 또 다른 속도 변수가 포함되어 있었다. 전기장을 상쇄시키기 위해 다시 자기장을 걸어준 이유는 그 속도 변수를 상쇄시키기 위해서였다. 자기력과 전

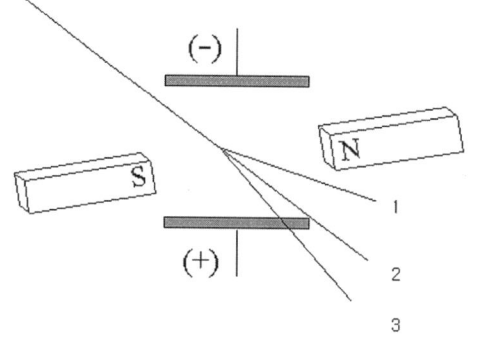

기력의 평형상태에서 속도 변수를 없애준 결과, 톰슨은 원하던 전하 대 질량비 값을 얻을 수 있었다.

대범한 가설 ●●●

톰슨이 최종적으로 얻은 음극선의 전하 대 질량비의 값은 그에게 하나의 퍼즐이었다. 음극선의 원천인 금속판의 원자에 비해 그 값은 너무나 작았기 때문이다. 수소 원자와 비교해도 약 1,700분의 1 정도밖에 되지 않았다. 톰슨은 고민 끝에 음극선을 구성하는 입자가 원자에서 떨어져 나온 것이라는 가설을 세웠다.

톰슨은 그 입자를 '미립자'로 명명했다. 당시에는 '전자'라는 용어가 이미 다른 방식으로 사용되고 있었기 때문이다. 전자 개념은 빛 전파의 매질로 가정되었던 에테르의 속성, 또는 원자와는 별개의 새로운 물질 단위를 의미하기도 했다. 전자 개념에서 이러한 의미가 박탈된 후, 톰슨의 '미립자'라는 용어는 '전자'로 대체된다.

톰슨의 초기 원자구조는 '건포도 푸딩' 모형으로 묘사된다. 그는

생각의 기차 1

1899년 서재에서 톰슨

양전하를 띤 유동체에 음전하를 띤 전자가 박혀 있다고 여겼기 때문이다. 톰슨의 원자구조는 잘못된 것이었다. 그러나 당시의 일반 통념에 따른다면, 원자는 그 어떤 내부 구조도 가질 수 없는 것으로 가정되었다. 그래야 원자가 물질의 궁극적인 기본 단위로 여겨질 수 있기 때문이었다. 원자가 그러한 물질의 기본 단위가 아니라는 톰슨의 가설은 당시로서는 상당히 획기적인 가설이었다. 그리고 그 대범함 속에는 기존의 관련 실험들을 재검토함으로써 문제를 찾고 해결해나간 톰슨의 꼼꼼한 실험 정신이 담겨져 있다.

음극선은 고속의 전자빔이다. 오늘날의 물리학 지식에 의하면, 전자는 입자와 파동의 이중적 성격을 갖고 있다. 톰슨은 전자의 입자적 성격을 발견한 과정에서 전자가 원자를 구성하는 입자라는 가설을 세운 것이다. 톰슨은 1906년 노벨 물리학상을 받았다. 전자의 파동적 성격은 그 후 그의 아들인 조지 톰슨의 전자선 회절격자(diffraction grating) 실험에 의해 밝혀진다. 조지 톰슨은 1937년 전자의 파동적 성격을 규명한 공로로 노벨 물리학상을 받았다.

더 생각해볼 것

1 ◆ 통념에 반하는 대범한 가설은 종종 신비한 통찰력 혹은 비범한 창의력에서 나오는 것처럼 묘사되곤 한다. 그러나 순간적인 통찰 역시도 실제로는 오랫동안의 생각하고 여러 시도를 한 결과다. 톰슨의 경우는 이를 잘 보여주는데, 그 이유를 톰슨의 실험 과정에 근거해 설명해보자.

2 ◆ 톰슨이 최종적으로 얻은 음극선의 전하 대 질량비의 값은 음극선의 원천인 금속판의 원자에 비해 너무나 작았다. 이 사실이 톰슨에게 하나의 퍼즐이었던 이유를 설명해보자. 또 원자가 내부 구조를 가지고 있다고 가정하면, 그 퍼즐이 풀리는 이유를 설명해보자.

3 ◆ 톰슨의 건포도 푸딩 원자 모형은 나름대로 음극선 방출 과정을 쉽게 설명해준다. 톰슨의 건포도 푸딩 원자 모형을 시각화해보자. 그리고 그 모형을 가지고 음극선 방출 과정을 설명해보자.

 더 읽어볼 것

◆ Dahl, P.F. (1997), *Flash of the Cathode Rays: A History of J.J. Thomson's Electron*, Taylor & Francis.

◆ Thomson, J.J. (1897), "Cathode Rays", *The London, Edinburgh, and Dublin Philosophical Magazine and Journal of Science*.

◆ http://www.aip.org/history/electron/jjhome.htm

14

엑스선★★
— 대중적 관심 속에 묻히기 쉬운 발견의 가치

관련 글: 전자의 발견, 텔레비전, 콤프턴 효과

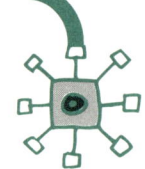

대중은 최초 발견자의 지위를 놓고 벌어지는 과학자들 사이의 지저 분한 인간관계에 흥미를 느낀다. 그러한 관심이 지나칠 때 발견의 진 정한 가치는 사회적 담론의 표면에 떠오를 수 없다. 엑스선 발견을 둘러싼 빌헬름 뢴트겐, 필리프 레나르트, 그리고 뢴트겐보다 먼저 엑스선을 발견한 우크라이나 태생의 물리학자이자 발명가인 이반 풀 류이 사이의 갈등은 많이 회자되지만, 엑스선 발견의 진정한 가치는 새로운 분과들을 탄생시켜 여러 발견들을 자극한 데 있다. 방사선학, 엑스선 천문학, 엑스선 결정학 등이 그러한 분과들을 대표한다.

의도하지 않은 발견 ●
엑스선은 미세 입자의 고속 흐름이 아닌 아주 짧은 파장을 가진 전자 기파 복사의 일종이다. 전자기파 복사에는 가시광선, 라디오파, 자 외선, 적외선, 감마선과 같은 것들이 있다. 가시광선과 엑스선의 가 장 주요한 차이는 바로 파장이다. 파동은 반복되는 기본 패턴을 갖고

실험 중인 뢴드겐

있는데, 파장은 그러한 패턴의 길이다. 파장이 짧을수록 파동은 더 강한 에너지를 갖는다. 엑스선은 가시광선보다 1백 배나 큰 에너지를 갖고 있다. 뢴트겐 자신이 이러한 엑스선의 정체를 완전히 밝힌 것은 아니다. 그는 엑스선이 입자의 고속 흐름이 아닌 빛의 일종임을 실험적으로 밝혔다. 톰슨의 제자이자 1917년 노벨 물리학상 수상자인 찰스 바클러가 엑스선의 여러 성질들을 실험적으로 밝히는 데 기여했다.

뢴트겐이 최초에 의도했던 실험의 목적은 음극선의 성질을 밝히는 것이었다. 아날로그 텔레비전 수상관에 쓰이는 전자총은 바로 음극선관에서 진화한 것이다. 유리관 내부의 공기를 빼내 거의 진공의 상태로 만든 다음, 양극과 음극의 금속판에 강한 전위차가 걸릴 때 음극선이 발생한다. 음극선은 음극의 금속판에서 튀어나온 전자들의 고속 흐름이지만, 뢴트겐 실험 당시에는 아직 전자의 존재가 밝혀지지 않았다. 당시 대다수 과학자들은 원자가 물질의 기본 단위라고 여겼다. 음극선에 대해 명확하게 규명된 사실 하나는 물질 투과성이 약하다는 것이었다. 음극선은 유리관 벽을 통과하지 못한다. 헝가리 태생의 물리학자 레나르트는 유리관에 구멍을 내고 얇은 알루미늄박으로 그 구멍을 덮고 실험을 했다. 그는 음극선이 그 구멍을 통과해야만 공기를 2~3센티미터 정도 통과하는 것을 관찰했다.

뢴트겐은 다른 이들이 혹시 음극선의 일부가 유리관을 통과하는 것을 포착하지 못하는 것이 아닌가 하는 의문을 가졌다. 음극선에 부딪힌 유리벽은 약하게 빛을 발하는데, 이 때문에 음극선관 전체가 배경 빛을 띠는 것이다. 만약 음극선관의 유리벽을 투과하는 빛이 매우 약하다면, 음극선관의 배경 빛이 그 약한 빛을 가려버릴 것이다. 뢴트겐은 그 때문에 음극선 검출이 어렵다고 생각했다. 뢴트겐은 이러한 자신의 생각을 검증하기 위해 또 하나의 실험을 설계했다. 그는 유리관을 검은 판지로 감쌌다. 검은 판지는 유리관의 배경 빛을 가릴 것이다. 유리관 근처에 둔 형광물질이 발광한다면, 미약하나마 엑스선이 유리관을 통과했다고 볼 수 있다. 그는 형광물질의 발광현상을 관찰하기 위해 실험실을 암실로 꾸몄다.

실험에 앞서 판지가 유리관을 제대로 감싸고 있는지 확인할 필요가 있었다. 뢴트겐이 높은 전압을 가하자 가느다란 빛이 새어나와, 1미터 가량 떨어진 작업대 반대편까지 이르렀다. 레나르트의 실험에 따르면, 음극선은 2~3센티미터 정도만 공기를 통과할 수 있다. 유리관에서 나온 빛은 음극선이 아니라고 결론지어야 자연스럽다. 뢴트겐은 새로운 종류의 빛을 발견한 것이다. 그 새로운 빛은 투과성이 매우 높았다. 형광물질은 그가 수천 페이지나 되는 책이나 나무 판으로 가렸을 때에도 계속 빛을 발했다. 얇은 알루미늄이나 구리판도 그 빛을 막지 못했다. 뢴트겐은 음극선관에서 나온 강한 투과성의 빛이 전자기장의 영향을 받지 않는다는 사실을 확인했다. 이것은 그 빛이 전자 기장의 영향을 받는 음극선과는 다른 종류임을 보여주는 실험적 증거였다.

엑스선 발견을 둘러싼 갈등 ●●

뢴트겐은 여러 물질을 이용해 엑스선의 투과력을 측정했다. 그는 형광 스크린과 음극선관 사이에 납을 들고 있을 때 납에 의한 엑스선 차단 효과로 스크린에 그림자가 생기는 현상을 관찰했다. 놀랍게도 그 그림자는 그의 손 내부 구조를 보여주고 있었다. 뢴트겐은 부인을 설득해 암실 실험실에서 엑스선으로 그녀의 손을 촬영했다. 그녀는 당시 상황을 "막연한 죽음의 전조"로 표현했다. 뢴트겐은 자신의 실험 결과를 1895년 말 「한 종류의 선에 관하여(Über eine Art von Strahlen)」라는 논문으로 발표했다. 1896년 1월 23일 뢴트겐의 구두 발표가 열렸으며, 해부학자 알베르트 콜리켄의 손이 엑스선으로 촬영되었다. 뢴트겐은 1901년 제1회 노벨 물리학상을 받았다.

뢴트겐은 엑스선 사용에 관한 그 어떤 특허권도 요구하지 않았다. 사실 그가 특허권을 요구했더라면, 그의 인생은 귀찮을 정도로 아주 복잡해졌을 것이다. 엑스선 발견에서 뢴트겐 자신이 고안한 도구는 없었으며, 음극선관을 가지고 엑스선을 규명하는 것은 누구나 쉽게 재현할 수 있는 일이었다. 다시 말해, 고난도의 기술이 필요없는 것이다. 사실 엑스선은 음극선이 백금과 같은 금속판에 부딪힐 때 발생한다. 음극선관에서 양극판이 그러한 금속이라면, 엑스선은 눈에 보이지 않아 그렇지 항상 방출되고 있었던 것이다. 음극선의 전자와 금속판의 원자들이 충돌하면서 금속판의 열이 올라가고, 다시 금속판

레나르트(AJR)

이 식으면서 발생하는 복사파가 엑스선이다. 충돌 에너지가 금속판 원자의 전자들을 동요시키는데, 엑스선은 전자들이 원래의 에너지 상태로 복귀하는 과정에서 방출된 빛의 일종인 것이다.

엑스선을 가지고 실험을 한 많은 과학자와 기술자 들 중 뢴트겐보다 먼저 물체의 투시 사진을 얻은 이들이 있다. 미국의 아서 굿스피드는 1890년 음극선관을 가지고 실험을 하던 중 구리동전의 투시사진을 얻었지만 그 원인을 규명하지 못했다. 그는 그 현상을 단순한 우연의 결과라고 생각했다. 뢴트겐이 노벨상을 수상한 후, 굿스피드는 과거 자신이 스쳐 지나간 사건의 의미와 잠재적 효용가치를 알게 되었다. 굿스피드는 엑스선의 의학적 진단 가능성을 알아채고 '방사선 사진술(radiography)'라는 용어를 만들었다. 그 용어가 오늘날 '방사선학'의 기원이다.

굿스피드와 뢴트겐 사이에는 아무런 문제가 없었다. 그러나 뢴트겐은 레나르트의 공격을 받게 된다. 레나르트는 뢴트겐의 엑스선 발

생각의 기차 1

견을 높이 평가했고, 뢴트겐 또한 엑스선 발견에 레나르트의 사전 작업이 중요했음을 인정했다. 노벨상은 원만했던 둘 사이의 관계를 바꿔버렸다. 제1회 노벨 물리학상 수상자를 결정할 당시에 거론된 두 후보는 레나르트와 뢴트겐이었고, 심사 관계자들도 두 편으로 갈렸다. 제1회 노벨 물리학상은 단 한 명에게 수여되어야 한다는 재단의 입장에 따라 뢴트겐이 수상자로 결정되었다. 레나르트는 자신이 엑스선의 진정한 발견자라고 주장했다. 사실 유리관에 구멍을 내고 공기 중 음극선의 투과 정도를 측정한 레나르트의 실험에서 엑스선은 음극선과 뒤섞여 있었다. 하지만 그는 엑스선의 존재를 알지 못했다. 레나르트는 누구나 엑스선을 발견할 수 있다면서 뢴트겐을 공격했다. 나치가 정권을 잡자, 레나르트는 유태인인 뢴트겐을 독일 물리학계에서 추방하는 데 일조했다.

그러나 엑스선의 최초 발견자가 누구인지를 굳이 따진다면, 그 주인공 뢴트겐이 아니라 우크라이나 태생의 풀류이였다. 열과 운동 사이의 관계를 측정하는 장치를 만들기도 한 풀류이는 뢴트겐보다 먼저 엑스선으로 인체와 동물의 부분을 촬영했다. 그의 엑스선 사진은 뢴트겐의 것보다 훨씬 선명했다. 사실 뢴트겐의 엑스선 사진들은 진단용으로 사용하기에는 선명도가 매우 떨어졌다. 더욱이 풀류이는 눈에 보이지 않는 엑스선이 입자의 흐름이 아니라는 사실을 논문으로 먼저 발표했다. 뢴트겐과 달리, 풀류이는 엑스선의 정확한 정체와 발생 원인을 이론적으로 규명하려고 했다. 풀류이는 음극선관을 발명한 크룩스가 '물질의 제4상태'라고 불렀던 전리기체 상태, 곧 플라즈마(plasma)의 성질과 연관시켜 엑스선의 정체를 밝히려고 했다. 풀류이가 노벨상 후보로 거론조차 되지 않았던 것은 약소국에서 태어난 때문이기도 하겠지만, 당시의 학계가 크룩스에서 풀류이로 이어진 전통 인정하지 않았기 때문이기도 하다. 풀류이가 단순히 엑스선이 입자의 고속 흐름이 아닌 빛의 일종이라는 사실만 강조했어도, 상황은 달라졌을지 모른다. 사실 뢴트겐이 사용한 음극선관은 풀류이가 만든 '풀류이관'이었다.

엑스선 발견의 진정한 가치 ●●●

엑스선 발견을 둘러싼 과학자들의 갈등은 대중의 흥미를 자극할 만한 소재다. 대중은 노벨상 수상자의 일대기에 관심을 갖고, 노벨상을 수상한 과학자는 스타가 된다. 하지만 그를 둘러싼 지저분한 인간관계 및 실제 최초 발견자가 알려질 때 그는 스타에서 악의 화신으로 전락하기도 한다. 엑스선 발견의 경우, 스타 과학자 뢴트겐의 명성에 가려져 공정한 평가를 받지 못한 인물은 풀류이다.

발견의 결과가 아닌 과정을 고려한다면, 엑스선의 발견에 기여한 과학자들은 음극선관을 만든 크룩스에서 뢴트겐에 이르기까지 수십명에 달한다고 말하는 것이 옳다. 그만큼 엑스선 발견 과정에는 대중의 관심을 끌 만한 많은 에피소드들이 담겨 있다. 이러한 에피소드들이 대중의 호기심을 자극하기 위해 이용된다면, 엑스선 발견의 진정한 가치는 묻히고 말 것이다.

엑스선 발견의 진정한 가치는 무엇인가? 엑스선을 이용한 장치로서 우리에게 가장 친근한 것은 방사선 진단 장치다. 광양자 가설을 학계에 공인시킨 '콤프턴 효과(Compton effect)'도 엑스선 산란 실험에 근거해 밝혀진 것이다. 엑스선 발견의 진정한 가치는 그 무엇보다도 새로운 분과를 출현시킴으로써 여러 발견을 자극했다는 점이다. 그러한 분과로는 엑스선 천문학과 엑스선 결정학을 들 수 있다.

지구의 대기는 우리를 강한 에너지의 우주선으로부터 보호해주는 방패와 같다. 그러나 대기권은 외계의 천체 현상을 관찰하는 데에는 방해가 된다. 우리 은하계에서 멀리 떨어진 곳에서 날아온 엑스선을 검출할 수 있다면, 그곳에 대한 정보를 얻게 된다. 1960년대 이탈리아 태생의 미국 천체물리학자 리카르도 지아코니를 중심으로 한 나사 연구팀은 엑스레이 검출 망원경을 장착한 위성 '우후루(Uhuru)'를 대기권 바깥으로 쏘아 올리는 계획을 추진했다. 우후루는 케냐 말로 '자유'를 뜻하는데, 위성 발사일이 케냐의 독립기념일이었기 때문이다.

다양한 자연 결정체들은 작은 입방체들이 쌓여 형성된 것이다. 이 가정은 프랑스의 수학자이자 광물학자인 르네 아위가 세웠고, 결정체의 격자 구조는 프랑스의 물리학자 어거스트 브라베가 수학적으로 연구했다. 그러나 결정체의 내부 구조가 실험 대상이 된 것은 엑스선을 발견한 덕이다. 결정체에 투사된 엑스선의 회절 각도는 결정체 내부 구조를 알려주는 중요한 자료가 된다. 영국의 윌리엄 브래그와 로렌스 브래그 부자, 독일의 막스 폰 라우에 등에 의해 그 토대가 다져진 엑스선 결정학은 화학을 넘어 생물학 연구의 중요한 발견도구로 정착했다. 단백질, 바이러스, 헤모글로빈, DNA의 구조는 엑스선 결정학 기술에 근거해 밝혀졌던 것이다.

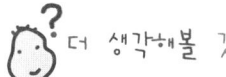 더 생각해볼 것

1 ◆ "뢴트겐이 풀류이 실험 장면을 목격했었는가"라는 문제를 제쳐둔다면, 뢴트겐의 엑스선 발견은 '의도하지 않은 발견'으로 대표되곤 한다. 뢴트겐의 엑스선 발견 과정에 비추어 '의도하지 않았다는 것'의 의미를 설명해보자. (뢴트겐이 실험을 설계했을 때의 동기에 주목하자.)

2 ◆ 만약 뢴트겐이 엑스선 사용의 특허권을 주장했다면, 어떻게 되었을까?

3 ◆ 많은 사람들은 두 과학자 혹은 두 과학자 집단이 어떤 발견을 놓고 경쟁을 할 때 좀더 논리적이고 치밀하며 이론적으로 원인을 규명하려는 쪽이 승리할 것이라고 생각한다. 또 좀더 정교한 실험 결과나 도구를 만들어낸 쪽이 승리할 것이라고 생각한다. 그러나 반드시 그러한 것은 아니다. 이에 대한 사례로서 풀류이의 경우를 설명해보자.

4 ◆ 다음 세 장의 엑스선 촬영 사진들은 전 세계 인터넷 블로그에 돌아다니는 것들이다. 전부 다 뢴트겐이 부인의 손을 엑스선으로 촬영한 것이라고 묘사되곤 하

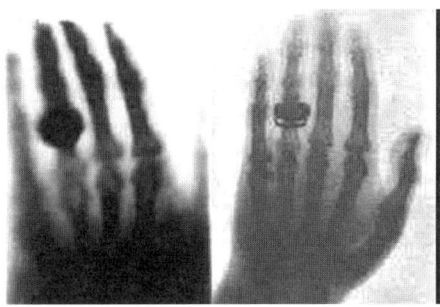
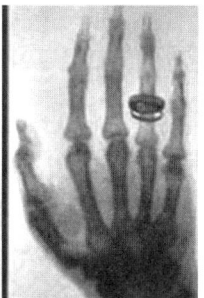

108

는데, 진품은 제일 왼쪽의 것이다. 제일 오른쪽 것은 해부학자 콜리켄의 손이다. 가운데 것 역시 콜리켄의 손으로 추측된다. 이렇게 여러 사진들이 뢴트겐 부인 손의 엑스선 촬영 사진으로 둔갑한 주 원인은 무엇이라고 생각하는가?

 더 읽어볼 것

◆ Eisenberg, R.L.(1993), "Cathode Rays and Controversy", AJR.
◆ Harris, E.L.(1995), *The Shadowmakers: A History of Radiologic Technology*, American Society of Radiologic Technologists.
◆ Pundly, P., Gorokhovsky, A.(1995), "The invention of X-rays belongs to Professor Ivan Pulyui", Agapit.
◆ 이 글은 포항공대의 박종훈과 공동으로 만든 것이다.

15

텔레비전★★

― 특허권 분쟁

관련 글: 전자의 발견, 엑스선

기본 아이디어를 실현하는 방법은 다양하다. 배경 지식에 근거해 각종 도구들을 배열하여 특정 아이디어를 실현하는 방법을 디자인이라고 할 때, 디자인은 시시각각 발생하는 문제를 해결하는 과정에서 개선된다. 이 개선 과정에는 여러 명이 개입하게 마련이며, 경우에 따라서는 그들 사이에 특허권을 둘러싼 분쟁이 발생하기도 한다. 그들을 둘러싼 갈등은 단순히 선악의 이분법적 관점 속에 포착되지 않는다.

기계식에서 전자식 텔레비전으로 ●

강한 빛이 금속판을 때리면, 자유전자(free electron)가 발생한다. 원자들에 구속되어 있던 전자들 일부가 빛 에너지에 의해 자유로워지기 때문이다. 금속이 빛에 민감한 경우, 빛의 밝기와 자유전자에 의한 전류 사이에는 비례관계가 성립한다. 이를 이용한 것이 광전지(photoelectric cell)다. 광전지의 발견은 영상을 전송하고 받을 수 있는 시스템, 곧 텔레비전의 실현 가능성에 대한 관심을 증폭시켰다.

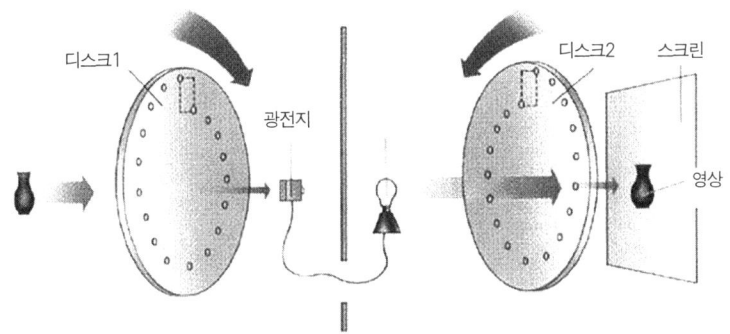

님코 디스크를 이용한 기계식 텔레비전 시스템(databahn.net)
회전 중인 디스크 1의 작은 구멍을 통해 사물의 각 부분에 반사된 빛이 순차적으로 광전지를 때리면, 빛의 밝기에 상응하는 전류 역시 순차적으로 발생한다. 전류가 케이블을 타고 수신기에 이르면 빛으로 전환된다. 디스크 2가 디스크 1과 동일한 속도로 회전하는 경우, 작은 구멍을 통해 들어온 빛이 스크린에 영상을 만들어낸다.

일상생활에서 '텔레비전'이란 용어는 보통 영상 수신기를 의미하지만, 그것은 적어도 영상을 전기신호로 바꿔주는 촬상기, 그 전기신호를 케이블이나 방송파로 내보내는 송신기 그리고 안테나와 수신기로 구성된 하나의 시스템이다. 광전지를 이용한 최초의 텔레비전 시스템 중 하나는 소련 태생의 독일 공학자 파울 님코가 1884년에 디자인한 것이다. 님코의 텔레비전 시스템은 나선 모양을 따라 작은 구멍들이 뚫린 디스크가 장착된 기계식이었다. 기계식 텔레비전이라고 해서 태엽시계와 같은 기계식을 말하는 것은 아니다. 그러나 그것은 회전하는 디스크를 갖고 있다는 점에서 '전자식 텔레비전'에 대비되어 '기계식'이라고 일컬어진다.

님코의 기계식 텔레비전 시스템은 해상도가 떨어지며, 원판 구멍 가장자리에서 반사된 빛에 의한 잔영도 제거할 수 없다. 사물에 반사된 빛을 직접 전기적 신호로 바꾸고, 또 그 신호를 직접 수신하는 방법이 요청되었다. 완전한 전자식 텔레비전 시스템을 디자인해야 한다는 의미였다. 20세기에 접어들면서 완전한 전자식 텔레비전 시스템을 완성하려는 노력이 사방에서 시도되었다.

동일한 기본 아이디어에 근거한 두 디자인 ●●

전자식 텔레비전 시스템의 진화는 수신기 영역에서 먼저 이뤄졌다. 톰슨이 실험을 통해 전자의 존재를 추정한 1897년, 독일의 카를 브라운은 광전지에서 나온 전자빔, 곧 당시에 음극선으로 알려진 것을 자기장으로 편향시켜 형광판에 영상을 만드는 방법을 고안했다. 이 브라운관이 개발되어 닙코의 디스크 2와 같은 기계적 장치가 수신기에서 제거될 수 있었다. 이제 남은 것은 사물에 반사된 빛을 직접 전기신호로 바꿔주는 장치였다.

　많은 이들이 브라운관과 같은 형태의 '사물 촬상기', 곧 '카메라관'으로 불리는 것이 만들어질 수 있다고 믿었다. 영국의 앨런 캠벨-스윈턴은 1911년 광전지들로 구성된 판인 광전지판에 직접 빛을 투사시키고 그 광전지판 각 영역의 전기신호를 순차적으로 출력하면 된다는 아이디어를 제안했다. 카메라관에 대한 캠벨-스윈턴의 기본 아이디어는 당시에는 즉시 실현될 수 없었지만 이후 텔레비전 진화에 큰 영향을 끼쳤다. 1960년대 초까지 사용되었던 RCA(Radio Corporeation of America)사의 이미지오시콘(image orthicon)도 예외가 아니다.

　이미지오시콘의 세부 사항을 제쳐둔다면, 여기서 중요한 부분은 '광음극관(photocathode)'과 전자총에 의한 '주사선(scanning beam)'의 역할이다. 카메라 렌즈를 지나온 빛은 광음극관의 광전지

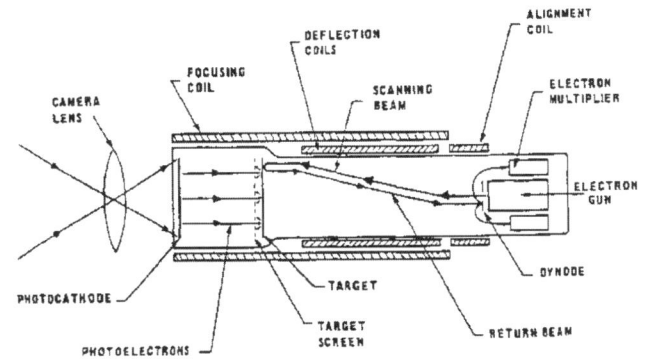

이미지 오시콘 디자인 도식(U.S. Navy)

판에 전자상을 맺는데, 광음극판은 광전지판의 전자들을 진공으로
방출시키는 장치다. 그렇게 방출된 전자가 양극성을 띤 과녁 스크린
에 충돌하면, 과녁 스크린상에 생긴 전위차는 카메라 렌즈를 지나온
빛의 분포에 비례한다. 전자총이 과녁 스크린 각 영역에 순차적으로
고속 전자빔, 곧 주사선을 쏘면, 반사되어 나온 빔도 증폭되어 순차
적으로 출력이 된다. 그렇게 출력된 신호가 케이블이나 방송파를 타
고 수신기를 통해 화면의 영상으로 나타나는 것이다.

　　필로 판스워스의 이미지다이섹터(image dissector)의 기본 구상은
그가 14세 되던 시절로 거슬러올라간다. 그는 그 기본 구상을 화학
선생인 저스틴 톨먼에게 보여줬다. 모든 디자인에는 과거의 것들이
반영된다. RCA의 이미지오시콘도 마찬가지인데, 현대적 텔레비전
시스템 개발에 기여한 판스워스와 RCA의 수석 연구원 블라디미르
즈보리킨의 것이 이미지오시콘의 디자인 속에 반영되고 있다. 1927
년 실험에 성공하고 1929년에 완전한 전자 카메라관으로 탄생한 판

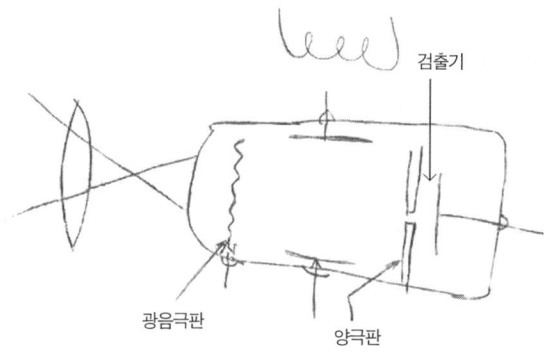

검출기

광음극판　　　　　양극판

판스워스와 RCA 사이에 특허권 분쟁이 생기자 톨먼이 재구성한 당시 판스워스의 기본 구상이다.

스워스의 이미지다이섹터는 광음극판을 사용한 것이다. 이미지오시콘과 달리, 자기장의 조절에 의해 광전지판 전자상의 각 영역에서 방출된 전자빔이 양극판의 검출기(detector)를 통해 순차적으로 출력된다.

　판스워스의 이미지다이섹터는 용광로 내부를 관찰하는 등 지금도 유용하게 사용된다. 그러나 그것은 고광도의 광원이 필요하기 때문에 근접 영상을 만들어내는 데 부적합한 측면이 있었다. 러시아 태생의 즈보리킨이 개발한 아이코노스코프(iconoscope)는 이미지다이섹터의 약점을 보완한 것으로 전자총을 사용한 방식이다. 이미지오시콘의 전자총이 과녁 스크린에 전자빔을 쏘는 방식이라면, 초기 아이코노스코프는 광전지판에 직접 쏘는 방식이었다. 물론 이미지오시콘은 아이코노스코프에서 발견된 약점을 보완한 것이다.

　판스워스의 이미지다이섹터 일부분은 이미지오시콘의 광음극판 부분에, 그리고 즈보리킨의 아이코노스코프의 일부분은 이미지오시

생각의 기차 1

콘의 전자총 부분에 반영되고 있다. 판스워스의 이미지다이섹터와 즈보리킨의 아이코노스코프 모두 캠벨-스윈턴의 기본 아이디어를 바탕으로 하고 있다. 하지만 그 둘의 디자인 방식은 다르다. 이미지 다이섹터가 자기장 조절에 의해 광전지판 전자상의 각 영역을 순차적으로 검출해내는 방식, 곧 '검출방식'의 디자인이라면, 아이코노스코프는 전자총의 조절에 의해 그러한 영역을 순차적으로 주사하는 방식, 곧 '주사방식'의 디자인이다.

특허권 분쟁 ●●●

1960년대 초까지 사용되었던 RCA의 이미지오시콘 속에는 판스워스, 즈보리킨을 포함한 여러 명의 과거 디자인들이 합성되어 있다. 이미지오시콘 속의 판스워스와 즈보리킨은 '기능적 합성'의 상징일 수 있지만, 현실세계의 복잡한 상황은 그 둘을 그렇게 되도록 두지 않았다.

볼셰비키 혁명을 피해 프랑스를 거쳐 미국에 온 즈보리킨은 러시아 태생의 데이비드 사르노프의 제안으로 RCA에서 텔레비전 시스템 개발에 착수한다. RCA가 1930년 GE와 웨스팅하우스에서 독립하면서 사르노프는 RCA의 회장이 된다. 그는 회사의 주력 사업을 라디오에서 텔레비전으로 전환하기로 계획했다. 사르노프에게는 큰 도전이자 회사로서는 일종의 도박과 같은 것이었다. 사르노프는 즈보리킨 연구팀에게 텔레비전 시스템 개발을 위해 15만 달러를 이미 투자한 상태였다.

판스워스는 청소년 시절부터 완전한 전자식 텔레비전 시스템을 실현하려는 꿈을 갖고 있었다. 후원자를 만나 총 6만 달러를 지원받은 그는 1927년에는 부분적으로, 그리고 1929년에 완전하게 자신의 꿈을 실현한다. 사르노프는 판스워스의 특허권을 사기 위해 10만 달러를 제안했으나, 판스워스는 거절했다. 그에게나 그의 후원자에게나 10만 달러는 그간 바친 열정에 비하면 만족할 만한 액수가 아니었을 것이다. 또 판스워스는 자신의 발명에 바탕을 둔 사업을 원했다.

RCA는 1932년 즈보리킨의 초기 아이코노스코프를 이용한 텔레비전 시스템을 시연했고, 판스워스와 RCA 사이에는 특허권을 둘러싼 분쟁이 벌어진다. RCA는 즈보리킨의 아이코노스코프와 판스워스의 이미지다이섹터가 별개의 것이라고 항변했다. 지금에 비해 정교하지 못한 특허 법체계 아래 디자인의 차이보다는 어느 쪽이 먼저 작동 가능한 카메라관을 구상했는지가 분쟁의 관건이 되었다. 1930년 즈보리킨이 판스워스의 실험실을 방문한 사실, 그리고 청소년 시절 판스워스의 화학선생인 톨먼의 증언에 근거해 법원은 1934년 판스워스의 손을 들어주었다. 톨먼은 판스워스가 14세 때 칠판에 그린 이미지다이섹터의 초기 스케치를 재현했다. 경제공황 속에 사정이 좋지 않았던 RCA는 항소했고, 4년을 끈 뒤에야 RCA는 판스워스에게 로열티를 지불하라는 법원의 판결에 승복하게 된다.

제2차 세계대전이 일어나기 전, 미국보다는 독일이 텔레비전 산업을 주도했다. 판스워스와 RCA 사이의 분쟁은 우선 카메라관에 국한되어 있었는데, 촬상방식의 결정은 송신방식 및 수신기의 결정에 영향을 미친다. 일찍 텔레비전을 국가 기반산업으로 인식한 독일은 기존의 기술력에 즈보리킨을 포함한 여러 명의 특허권을 사들여 개선한 결과 1936년 베를린 올림픽을 생중계할 수 있었다.

미국에서도 텔레비전 산업이 부흥하기 시작할 무렵인 1939년 판스워스는 정작 자신의 회사를 ITT(International Telephone and Telegraph)에 팔게 된다. 어쩌면 그는 발명가로서의 열정을 식힐 만큼 냉철한 사업가의 길을 걸을 수 없었는지도 모른다. ITT에 몸담은 그 자신은 제2차 세계대전 후 핵융합 연구에 헌신했다. 전쟁이 끝난 후 RCA는 전성기를 맞는다. 텔레비전 산업은 RCA를 세계 초일류 기업으로 만드는 데 중요한 원동력이 되었다. 그러나 사르노프가 주도한 RCA의 영광은 그가 1970년 은퇴하면서 사라졌다. 사르노프는 기업을 아들에게 물려줬는데, 아들은 기술 다양성을 확보하지 않은 채 방만한 문어발식 경영을 했다. RCA는 결국 GE에, 그리고 다시 프랑스의 톰슨 사에게 매각되는 운명을 맞았다.

그러나 사르노프는 경제적 이윤을 추구하는 기업 운영과 공익을 추구하는 연구소 운영을 분리시켰고, 그 결과 사르노프의 RCA 연구소는 살아남는다. 가장 오랜 연구개발 전통을 가진 기업으로 평가받는 현재의 '사르노프 주식회사'는 RCA의 연구소에서 진화한 것이다.

 더 생각해볼 것

1 ◆ 일상생활에서 '텔레비전'은 여기서 묘사된 '텔레비전 시스템'을 의미하지 않는다. 그 이유는 무엇이라고 생각하는가? (본문에서 텔레비전을 규정한 방식에 주목하자.)

2 ◆ 두 개의 서로 다른 디자인 A와 B가 동일한 기본 아이디어를 실현한 경우, A와 B는 특허 분쟁에서 어떻게 처리되어야 할까? 이 문제를 사르노프와 판스워스

사이의 특허권 분쟁 사례를 가지고 따져보자.

3 ◆ 사르노프는 판스워스에게 로열티를 지불하라는 당시 법원의 판결이 부당하다
고 여겼다. 사르노프가 그렇게 여긴 이유는 무엇일까? 그리고 그 이유가 정당
하다고 생각하는가?

4 ◆ 판스워스는 텔레비전 시스템을 개발하고 특허권을 취득한 후 바로 사업을 통
해 경제적 이윤을 창출할 수 있을 것으로 생각했다. 이러한 그의 생각에 대해
서 어떻게 생각하는가?

5 ◆ 제2차 세계대전이 발생하기 전, 텔레비전 시스템 개발을 국가 기반산업으로
정착시킨 곳은 독일이었다. 당시 그 정착을 주도한 히틀러의 목적은 무엇이었
을까?

 더 읽어볼 것

◆ Abramson, A.(1995), *Zworykin, Pioneer of Television*,
University of Illinois.
◆ Stashower, D.(2002), *The Boy Genius and the Mogul: The
Untold Story of Television*, Broadway.

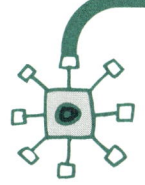

16

발견의 연결 지도 1~3

연결 지도 1에서 펜지어스와 윌슨의 우주배경복사 발견 과정을 살펴봤다. 지상에서 안테나를 이용한 천체 관측에는 한계가 있다. 외계에서 날아온 소립자의 성질은 대기를 통과하면서 변하며, 엑스선이나 감마선과 같은 강한 에너지의 복사파 대부분도 성층권에 흡수되기 때문이다. 다른 은하계를 연구하려면 천체망원경을 대기권 바깥에 설치해야 한다. 이러한 과학적 탐사의 목적을 위해 엑스선 검출 망원경이 개발되었다. 엑스선 발견은 엑스선 천문학과 같은 분과를 탄생시켜 여러 발견을 자극했다. 엑스선은 천문학뿐만 아니라 의학의 각종 진단 장치에도 사용된다. 방사선 진단학은 엑스선의 발견과 의학이 만남으로써 형성되었다. 앞장에서 살펴본 블래록-타우시그 단락 수술법 개발에 기여한 타우시그는 엑스선 장치를 이용해 어린이 심장병을 연구할 수 있었다.

엑스선과 전자의 발견은 둘 다 음극선의 정체를 규명하는 과정과 맞물려 있다. 음극선은 페러데이의 마지막 대중 강연을 기록한 크룩

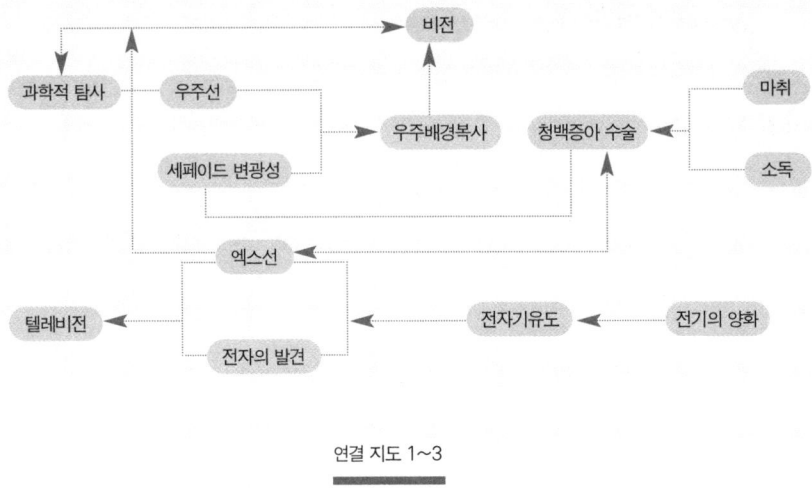

연결 지도 1~3

스가 기체방전 현상을 연구하기 위해 고안한 것이었다. 음극선은 단순한 실험도구가 아니다. 그것은 전기와 자기의 관계를 인공적으로 조작할 수 있게 된 시대의 상징물이다. 이렇게 되기까지에는 전기의 양화가 가능해지고, 전기와 자기 사이의 상관관계가 실험될 수 있게 된 역사적 여정이 있었다. 외르스테드, 앙페르, 패러데이 등이 개입된 그 여정은 과학사의 전환기로 기록될 수 있다. 당시 과학자들이나 자연철학자들이 '힘'이라고 부른 것, 곧 오늘날 '에너지' 개념에 함축된 물질의 활성을 측정하고 다룰 수 있게 됨으로써, 자연에 대한 정적인 이해 방식이 동적으로 바뀌게 된 것이다. 이뿐만이 아니다. 음극선의 정체를 규명하는 과정에서 톰슨은 원자에도 내부 구조가 있다는 사실을 밝혔고, 뢴트겐과 풀류이는 엑스선을 발견했다.

전자와 엑스선의 발견은 과학이 기술과 결합함으로써 인공물 탄생을 자극한 대표적 실례 중 하나다. 그러한 인공물로 들 수 있는 것이

생각의 기차 1

텔레비전이다. 과학과 기술이 결합된 결정체인 복잡한 인공물은 단순히 봉사 차원에서 인간의 생활을 윤택하게 해주는 도구가 아니다. 그것은 생활환경을 변화시켜 삶의 방식에 영향을 준다. 텔레비전이 공익 및 상업광고 수단으로, 지식 전달 수단으로, 정치 선동 수단으로 사용되면서, 텔레비전 발명 시점을 기준으로 그 이전 세대와 이후 세대로 구분할 수 있다.

텔레비전 설계를 둘러싼 판스워스와 사르노프 사이의 특허권 분쟁은 단순한 개인간의 갈등으로 취급되어서는 안 된다. 사회를 유기체에 비유할 때 그 분쟁은 효과적인 특허 정책의 부재에 대한 증후군으로 여겨져야 한다. 과학기술의 기능이 더 이상 과학자 공동체나 귀족층에 종속될 수 없게 된 것이다. 과학기술의 기능 자체가 사회적 공론의 대상이 된 것이고, 이것은 과학기술이 사회체계의 기능 단위가 되었음을 뜻한다. 과학기술자의 교육, 그 수, 연구 환경과 절차, 특허권, 결과물 관리 등 하나하나가 국가 정책에서 고려되어야 할 중요한 사항들이 되었다. 물론 이러한 상황은 앙페르나 패러데이가 활동하던 시절의 사회에도 잠재되어 있었지만, 그것이 사회 표면으로 떠오른 것은 20세기다. 다음 장에서는 서로 내용상 전혀 연관 없어 보이는 세 사례를 통해 과학기술 정책의 출현 여정을 되짚어보고자 한다.

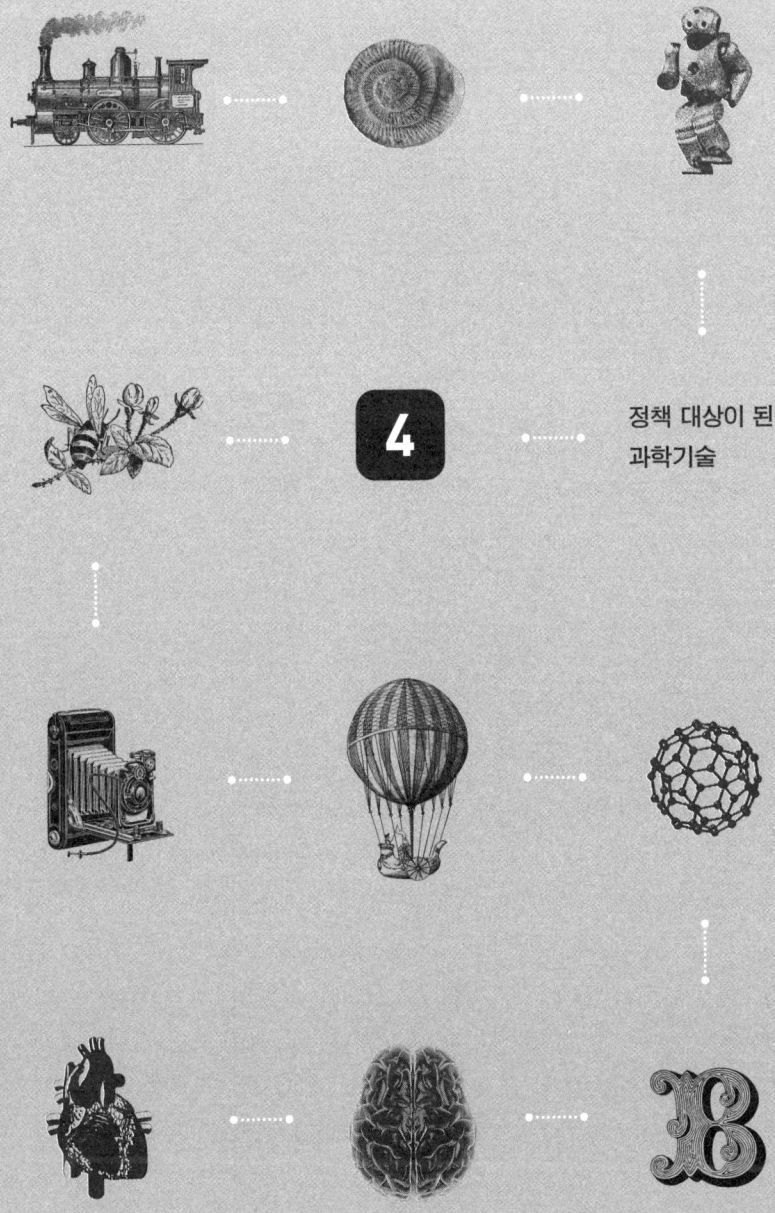

4

정책 대상이 된
과학기술

17

남매 과학자들★

— 빨간 줄이 그어지는 여성의 이름

관련 글: 우주의 크기

과학 교육의 문이 여성에게 열린 지는 인류 역사에서 그리 오래되지 않았다. 19세기 말까지도 특별한 허가 없이는 여성은 대학에서 과학을 전공할 수 없었다. 19세기 여성들은 사적인 경로를 통해서만 과학을 접할 수 있었다. 과학의 역사에 이름을 남긴 소수의 여성들은 그나마 그러한 사적인 경로를 탈 수 있는 기회를 가졌던 사람들이다.

연봉을 받은 최초의 여성 과학자 ●

윌리엄 허셜과 여동생 캐롤라인 루크레티아 허셜 남매는 1782년 이후 더 이상 공동 연주회를 열지 않았다. 그들의 관심사는 천문학으로 훌쩍 넘어가 있었기 때문이다. 윌리엄은 자체 제작한 반사망원경으로 천왕성을 발견하고 원반 모양의 은하계에 대한 초기 개념을 구축한 천문학자로 잘 알려져 있다. 오빠의 명성에 가려진 캐롤라인은 최초로 연봉을 받은 여성 과학자다.

허셜 남매는 독일 하노버에서 태어났다. 아버지는 군악대 악사였

천체 관측 중인 허셜 남매

다. 정규교육을 받지 못한 아버지는 독학으로 철학과 과학을 공부했고, 남매의 교육에 열정을 가졌다. 그러나 어머니는 캐롤라인의 교육에 반대했다. 이로 인한 모녀의 갈등은 캐롤라인의 평생 동안 이어지는데, 이것은 단순히 가족 구성원 간의 문제가 아니라 당시의 사회상을 반영하고 있다. 19세기 말까지도 여성은 특별한 허가 없이는 대학에서 과학을 전공할 수 없었다. 게다가 캐롤라인은 심한 천연두로 왼쪽 눈에 기형이 생긴 데다가 열 살 때 앓은 발진티푸스로 성장 장애를 겪었다. 어머니는 이러한 캐롤라인에게 가장 안정적인 직업으로 부잣집 하녀가 되라고 했다.

　프랑스군이 독일을 침공하자, 오빠 윌리엄은 1757년 군악대에서 오보에 연주자로 종군하던 중 탈영하여 영국으로 도망쳤다. 윌리엄은 교회에서 오르간 연주자로 일했다. 그는 집안일을 시키기 위해 동생 캐롤라인을 런던으로 불러들였다. 캐롤라인은 뛰어난 가창력 덕에 교회 합창단에서 소프라노를 맡았다. 그 당시 천문학으로 관심을 돌리던 윌리엄은 여동생에게 수학과 천문학을 가르쳤다.

윌리엄은 자금난으로 직접 렌즈를 연마하는 기술을 익혔다. 그는 20피트 길이의 망원경을 만들어 천왕성, 토성의 달 그리고 성운들, 곧 오늘날 다른 은하계로 알려진 것들을 관측하는 데 성공했다. 이러한 일련의 발견은 윌리엄의 이름을 아마추어 천문학자에서 전문 천문학자로 높여주었다. 이 과정에서 잊지 말아야 하는 것이 바로 캐롤라인의 공이다. 그녀는 오빠와 함께 렌즈를 연마했고, 망원경을 만들었다. 수학에서 오빠보다 뛰어났던 캐롤라인은 관측자료의 별 위치를 보정하는 등 여러 계산작업을 수행했다. 캐롤라인은 특히 8개의 혜성을 발견한 것으로 유명하다.

1784년 조지 3세 왕의 후원금 2천 파운드와 매년 2백 파운드의 연봉을 받게 된 윌리엄은 40피트 길이의 망원경을 만드는 작업에 들어갔다. 캐롤라인은 왕으로부터 오빠의 조교 업무에 대한 대가로 50파운드를 받았다. 이것은 여성 과학자로서 연봉을 받은 최초의 공식 사례로 남아 있다. 1787년 완성된 허셜 남매의 망원경은 그 후 50년 동안 가장 큰 망원경으로 기록된다. 허셜 남매의 망원경보다 더 크면서도 성능에서 앞선 망원경은 1845년이 되어서야 아일랜드의 윌리엄 파슨스가 만들었다. 허셜 남매의 40피트 길이의 망원경은 지금도 그리니치 천문대 정원을 장식하고 있다.

캐롤라인은 1792년에 태어난 오빠의 아들 존 허셜의 교육을 일부 맡기도 했다. 존은 성장해 당대 영국을 대표하는 천문학자이자 자연철학자가 된다. 캐롤라인은 오빠가 죽자 1822년 독일 하노버로 귀국했다. 그녀는 더 이상 밤하늘을 관측할 수 없는 신세를 한탄하곤 했다. 그러나 그녀는 귀국 후 25년 동안 윌리엄과 존의 관측자료들을 바탕으로 2,500개 이상의 성운들의 목록을 작성했다. 엄청난 끈기와 집요하고 세밀한 계산이 필요한 작업이었다.

캐롤라인은 방대한 성운지도를 만든 공로로 영국 왕립협회로부터 골드메달을 받았다. 그녀는 1835년 또 다른 여성인 메리 소머빌과 함께 왕립협회 명예회원으로 추대받았다. 메리 소머빌은 19세기 과학적 발견들을 정리하고 철학적으로 해석하는 데 가장 탁월했던 인물 중 한 명이다. 캐롤라인은 1838년 아일랜드 왕립협회의 정식회원이 된다. 그녀를 기리기 위해 1889년에 발견된 소행성에 '루크레티아'라는 이름이 붙여졌다.

부엌에서 탄생한 표면과학 ●◦

과학 학술지나 정기간행물에 여성이 연구 결과를 투고할 수 없던 시절, 레일리 경으로 잘 알려진 존 윌리엄 스트럿은 1891년 1월 10일 독일의 한 여성으로부터 편지를 받았다. 편지는 이렇게 시작한다.

> "남작님, 과학적 주제에 관한 이 독일어 편지로 당신을 방해하려는 저의 무모함을 용서해주실 수 있는지요? 지금까지 알려지지 않은 물표면의 성질에 관한 선생님의 연구를 듣고, 어쩌면 제 자신의 관찰에 대해 선생님이 흥미를 가질지도 모른다고 생각했습니다. 저는 여러 가지 이유로 제 관찰을 정기간행물에 실을 수 없는 처지에 있답니다."

편지의 주인공은 아그네스 포켈스였다. 물표면 성질에 관심을 갖고 있던 레일리의 직권에 의해 아그네스의 편지는 영어로 번역되어 1891년 3월 《네이처》에 실린다.

포켈스 남매(브라이슈바이크 공대)

아그네스 포켈스는 독일계 직업군인인 아버지가 이탈리아에 체류했을 때 베네치아에서 태어났다. 아버지가 말라리아에 걸려 지병을 얻는 바람에 장교직에서 물러나 연금생활에 들어간 후, 포켈스 가족은 독일 브라운슈바이크에 거주하게 된다. 아그네스와 동생 프리드리히 남매는 과학의 여러 문제를 놓고 함께 토론하기를 즐겼다. 동생 프리드리히는 괴팅겐 대학에 진학해 전문 물리학자의 길을 걸을 수 있었으나, 아그네스에게는 그 길이 열려 있지 않았다.

프리드리히는 학위를 마치고 교수가 된 후 누나가 대학에서 공부할 수 있도록 기회를 만들었다. 그런데 대학 당국은 물리학이 아니라 문학을 전공한다는 조건 아래 아그네스의 입학을 허락하겠다는 입장을 고수했다. 프리드리히도 여성에게 과학 전공을 금지시킨 당시 전통을 바꿀 수는 없었다. 아그네스는 대학 입학을 포기했지만, 과학에 대한 열정이 식은 것은 아니었다. 아그네스는 동생 프리드리히의 도움을 받아 물리학을 독학했다. 프리드리히는 누나 아그네스에게 여러 정기간행물과 과학 잡지를 보내줬고, 아그네스는 이 덕에 새로운 발견 동향을 접할 수 있었다. 물리학의 기본 지식을 익힌 그녀는 자신만의 실험에 들어갔다. 그녀의 목적은 물표면 성질을 규명하는 것이었고, 부엌은 그녀의 실험실이 되었다. 설거지를 하는 중에 발생하는 거품, 비눗방울들의 운동, 음식물 찌꺼기에 따른 물의 점성 및 표면 변화 하나하나가 그녀에게는 설명을 필요로 하는 문제였다.

남성 과학자들이 부엌에서 설거지를 할 필요가 없었기 때문일까? 당시에는 물의 중요 성질인 표면장력을 측정할 수 있는 실험 방법론이 없었다. 아그네스 포켈스는 1882년 표면장력을 양적으로 측정할 수 있는 수반장치를 고안했다. 그녀의 수반장치는 1883년에 완성되었다. 아그네스의 기본 발상은 장력을 무게로 전환해 간접적으로 측정하는 것이었다. 수반장치는 물표면에 있는 불순물들을 여러 각도에서 모아 천칭 쪽으로 끌어올려 그 무게를 잴 수 있도록 설계되었다.

물리학에서의 측정은 많은 경우 '간접 측정'이다. 질량, 에너지, 표면장력 등은 직접 경험할 수 없다. 그러한 것들은 직접 접할 수 있는 속도, 무게, 크기 등에 의해 간접적으로 측정된다. 그래서 수반장치의 설계에서 궁극적으로 측정하려는 표면장력과 경험적으로 측정 가능한 무게 사이의 상관관계를 따져야 하며, 또 기준단위를 정하는 것이 무척이나 중요하다. 아그네스 포켈스의 수반장치를 살펴보면, 이러한 고민들이 배어 있다. 이는 그녀가 상당 기간 동안 여러 실험들을 집에서 모방해봤다는 증거이기도 한데, 동생이 보내준 정기간행물과 과학 잡지가 큰 역할을 했을 것이다. 19세기 과학 잡지는 지금의 것보다 실험 설계와 방법론 소개에 많은 분량을 할애했다.

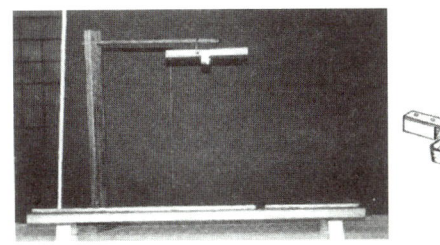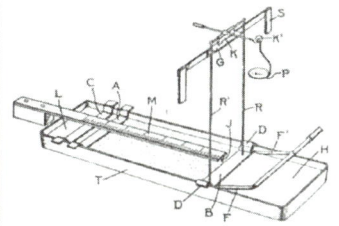

왼쪽은 아그네스 포켈스의 수반장치, 오른쪽은 랭뮤어에게 노벨화학상을 안긴 실험장치의 설계도이다. (브라운슈바이크 공대))

독일 괴팅겐 대학에서 수학한 미국의 노벨화학상 수상자인 어빙 랭뮤어의 '랭뮤어 필름저울'은 아그네스 포켈스의 수반장치를 기반으로 만들어졌다. 이러한 이유로 1932년 랭뮤어가 노벨상 후보로 추천되자 포켈스도 거론되었다. 아그네스는 유체에 불순물이 섞였을 때 유체의 특성이 어떻게 바뀌는지를 실험했고, 역으로 실험적인 조작을 위해 표면 특성을 조절하는 방법도 찾아냈다. 그 방법은 유기물 분자들의 모양과 크기를 결정하기 위한 물리화학에서 유용하게 사용되었다.

아그네스 포켈스는 1900년 이후 독일 물리학계에서 점차 인정을 받지만, 제1차 세계대전이 터지면서 그녀의 실험도 중단될 수밖에 없었다. 20년 동안 간호해온 아버지는 1906년에, 어머니는 그 다음 해에 사망했다. 그녀에게 이론물리학의 지식과 각종 과학 잡지를 제공해준 동생 프리드리히마저도 지병으로 교수 자리를 그만둬야 했다. 프리드리히는 전기와 빛의 관계에 대한 이론적 틀을 마련한 인물 중 한 명이다. 아그네스의 정성스러운 간호에도 불구하고, 프리드리히는 1913년 사망했다. 동생의 사망은 그녀에게 완전한 고립을 뜻했다. 프리드리히는 아그네스가 과학계와 교신할 수 있었던 주된 통로 였기 때문이다.

어려운 환경에서도 아그네스는 16편의 논문을 발표했다. 그녀의 논문 중에는 자연현상에 대한 철학적 탐구도 포함되어 있다. 태양계 구조에도 관심을 가졌던 아그네스는 1902년 조지 다윈의 책 『조수간 만과 태양계 내에서의 그와 유사한 현상들』(The Tides and Kindred Phenomena in the Solar System)을 독어로 번역하기도 했다. 조지 다 윈은 찰스 다윈의 둘째 아들로 천체 현상을 수학적으로 해석하기 위 해 노력했던 인물 중 한 명이다.

아그네스 포켈스의 인생 절반은 집안 살림과 아버지와 동생의 병 간호로 채워졌다고 해도 과언이 아니다. 표면과학(surface science) 에 대한 그녀의 공헌은 재평가되었고, 70세 이던 1932년에 브라운슈 바이크 공대로부터 명예 공학박사학위를 받았다. 현재 독일에서는 아그네스 포켈스 학생 실험실이 운영되고 있다. 공교육 내에서 별도 로 어린 학생들에게 실제 실험현장 체험과 실험을 할 수 있는 기회를 제공하기 위해 만들어진 기관이다.

여성으로서 과학을 한다는 것 ●●●

여자로 태어났다는 것 자체가 19세기에는 "너에게는 과학만은 안 돼"와 대동소이한 것이었다. 이러한 세태에서 여성들은 주변 남성에 의존하지 않고서는 과학적 호기심을 불사를 수 없었다. 과학이 남성 의 손아귀에 있었기 때문이다. 특히 부유층이나 귀족층 출신이 아닌 여성이 과학을 하려면 결혼은 무덤과 같은 것이었다. 먹고 살아야 하 는 투쟁에 인생을 바쳐야 했던 평민 남성들의 교육 수준이 낮은 만

메리 소머빌

큼, 그들이 아내의 지적 호기심을 이해하기란 힘들었다. 캐롤라인 루크레티아 허셜과 아그네스 포켈스는 과학을 위해 결혼을 포기하고 평생 독신으로 지냈다.

캐롤라인과 함께 1835년 왕립협회 명예회원으로 추대된 소머빌의 경우는 약간 다르다. 부유층에서 태어난 메리 소머빌에게는 캐롤라인이나 아그네스에 비해 과학과 수학을 접할 수 있는 기회가 조금은 더 열려 있었다. 당시 귀족층이나 부유층 출신은 가정교사를 초빙해 별도의 교육을 받을 수 있었기 때문이다. 또 상대적으로 교육 수준이 높았던 귀족층 남성에게는 아내의 지적 호기심을 이해할 여지가 있었다. 물론 그러한 남성이어야 한다는 전제가 따른다. 소머빌의 지적 호기심을 이해하지 못했던 첫 번째 남편과의 결혼 생활은 불행했다. 결혼 3년 후에 첫 남편이 거액의 유산을 남기고 죽자, 소머빌은 1812년 의사 윌리엄 소머빌과 재혼을 한다. 부부는 토론 서클을 조직했고, 윌리엄 허셜의 아들인 존 허셜을 비롯해 영국을 대표하는 여러 과학자, 수학자, 철학자들이 소머빌 부부의 토론 서클을 거쳐 갔다.

메리 소머빌은 수학적 업적 외에도 과학에 대한 당시 철학적 담론을 이끈 인물 중 한 명이다. 19세기에는 과학적 지식의 가능성과 그 지식 체계의 구조가 철학자들의 주된 관심사 중 하나였다. 지금도 철학자들은 특정 관점에서 과학 이론 및 발달사의 보편적 구조를 설정하기를 좋아한다. 소머빌은 특정 관점에 과학의 다양한 분과 및 발견 과정을 한정시킬 수 없고, 또 그렇게 하는 것은 과학과 철학의 상호작용을 가로막는 일이라고 봤다. 그녀는 과학의 여러 발견 속에서 철학적 문제를 찾고 대답하려고 애썼다. 소머빌은 피에르 라플라스의 업적을 소개하면서 철학적 해석을 가했고, 물리학 분과들의 관계에 대한 철학적 고찰을 하였으며, 지질학 및 당시 현미경학과 미시 세계 연구를 소개하기도 했다. 그녀가 쓴 지질학 교과서는 20세기 초에도 사용되었고, 옥스퍼드 대학의 소머빌 칼리지는 그녀를 기리기 위해 설립되었다.

캐롤라인 루크레티아 허셜, 메리 소머빌, 아그네스 포켈스 모두는 과학 교육이 여성에게 닫혀 있던 시절 과학에 대한 지적 호기심을 불태운 선구자들이다. 이들과 함께 18~19세기 여러 여성 과학자들의 업적이 재평가되고 있지만, 여전히 부족한 상태다. 컴퓨터로 한글 문서 작업을 하다 보면, 낯선 이름 밑에는 빨간 줄이 그어진다. 아직 그 이름이 사전에 등록되어 있지 않기 때문이다. 소머빌이나 포켈스와 같은 19세기 여성의 이름에는 빨간 줄이 그어진다. 허셜의 이름에는 빨간 줄이 그어지지 않는데, 그 이유는 단지 캐롤라인 루크레티아 허셜의 오빠인 윌리엄 허셜의 유명세 때문이다.

더 생각해볼 것

1 ◆ 밤하늘을 관측 중인 허셜 남매를 묘사한 삽화를 분석해보자.

2 ◆ 아그네스 포켈스가 어려운 환경에서도 표면과학에 큰 공헌을 할 수 있었던 데에는 당시 과학 잡지도 한몫을 했다. 19세기 과학 잡지 편집인들이 현재 국내 유사 잡지들을 본다면 매우 혹독한 비판을 가할 것이다. 과학이 사회 속에서 기능하는 방식이 과거와 달라졌다고 하지만, 현재 우리 과학 잡지는 개선되어야 한다. 당장 어떤 것들이 개선되어야 할까?

3 ◆ 아그네스 포켈스 학생 실험실에서 아동들을 대상으로 연구한 결과, 실험 실습에 참가한 아이들 중 3분의 1은 1년 반이 지나도 실험 내용과 절차를 생생히 기억해낸다고 한다. 이에 대한 가장 중요한 요인은 지능이 아니라 호기심의 강도였으며, 과학적 탐구와 맞물린 호기심은 일반적으로 취학 전, 그리고 저학년 초등학생들에게는 모두 잠재된 것으로 나타났다. 아이들에게 걸맞지 않은 내용을 가르칠 때 과학적 탐구에 대한 아이들의 호기심도 격감한다고 한다. 이러한 연구 결과는 현행 조기 과학교육의 문제점들을 드러내준다. 어떤 문제점들이 있을까?

4 ◆ 여성 과학자들을 길러내고 자극하기 위한 다음의 정책 중 가장 피해야 하는 것은 무엇이라고 생각하는가? (그 정책이 가져올 수 있는 부작용을 고려해보자.)

가. 여성 과학자들의 고용을 확대시키기 위한 특별법 제정
나. 특정 정치권의 세력에 부응하는 여성 과학자를 대통령 자문위원이나 보좌관으로

임명하는 것

다. 여성 과학자들에게만 국한된 특별 연구 지원비 제도를 마련하는 것

 더 읽어볼 것

◆ 류정은(2007), 「표면과학 분야의 주부 과학자 아그네스 포켈스」, 포항공대신문 3월 28일자 학술란.

◆ Beneke, K. (1995), "Die Untersuchungen von Agnes Pockels" in Zur Geschichte der Grenzflächenerscheinungen, Reinhard Knof.

◆ Elisabeth, M.D. (1982), "Agnes Pockels, 1862~1935", *Journal of Chemical Education 59.*

◆ Helm, C.A., "Agnes Pockels: Life, Letters and Papers", Ernst-Moritz Arndt Universität Greifswald 화학교육과 교육자료.

◆ Herschel, J. (1876), *Memoir and correspondence of Caroline Herschel*, J. Murray.

◆ Somerville, M. (2004), *Collected Works of Mary Somerville*, Thoemmes Continuum.

◆ Venkatraman, P. (2007), *Double Stars: The Story of Caroline Herschel*, Morgan Reynolds.

18

내분비체계★★★

— 동물 실험

관련 글: 마취, 소독, 시험관 수정

물질대사는 외부에서 흡수된 물질을 분해 혹은 합성하는 과정을 통해 유기체의 생명 유지와 성장에 필수적인 '2차 물질'을 만들어내는 작용이다. 대부분의 물질대사 작용은 신경계가 아닌 내분비체계에 의존한다. 호르몬은 특정 내분비체계의 기능에 개입된 화합물을 일컫는다. 내분비체계의 유지에 결정적인 기능은 '되먹임(feedback)'이다. 생리학에서 나온 되먹임 개념은 자동제어장치를 비롯한 여러 인공물에서도 그 흔적을 찾아볼 수 있다. '되먹임'이 일상 개념으로 정착한 여정 속에는 수많은 에피소드가 있다. 그중에서도 프랑스의 생리학자 클로드 베르나르의 동물 실험을 둘러싼 악연은 세간의 이목을 받을 만한 에피소드이다. 그 에피소드는 과학이 귀족층에서 해방되어 사회적 담론의 공적 대상으로 정착되는 시기의 상황을 잘 보여준다.

수탉 거세 실험 ●

브라운-세카르는 1889년 개와 기니피그의 고환에서 추출한 화합물을 자신에게 직접 투여하고 그 결과를 프랑스 생물학회에서 발표했다. 그의 기분은 활달해지고, 근력은 왕성해졌다는 것이다. 브라운-세카르는 원래 극작가가 되려고 했다. 극작가의 길을 포기하고 생리학자 겸 의사가 된 브라운-세카르는 '남성성'이라는 것을 결정하는 어떤 화합물의 존재를 밝히려고 했는지도 모른다. 수태와 짝짓기 과정에서 고환의 분비물은 분명히 중요하지만, 문화적이고 사회적 요인의 영향을 받는 남성성이 고환의 분비물에 의해 결정되는 것은 아니다. 브라운-세카르가 증명하려고 했던 것은 생명 유지와 번식에 필요한 동물의 행동방식이 신경계에만 의존하는 것이 아니라는 사실이었다.

신경계와 독립된 생리작용 및 행동방식에 대한 최초의 내분비선 실험은 1849년으로 거슬러올라간다. 독일 괴팅겐 지역의 작은 동물원 관리직을 맡고 있던 중년의 생리학자 아르놀트 베르트홀트는 수탉의 고환을 제거했다. 거세된 수탉의 경우, 짝짓기 과정에서 암탉

기니피그와 브라운-세카르

생각의 기차 1

수탉과 베르트홀트

을 유혹하는 벼슬의 크기가 작아졌으며, 다른 수컷에 대한 공격적인 행동도 나타나지 않았다. 베르트홀트는 짝짓기 과정에서 나타나는 수컷의 행동방식이 신경계에만 의존하지 않는다고 결론지었다. 그는 거세된 수탉에게 원래의 고환과 다른 수탉의 고환을 번갈아 이식시켜 보았다. 그 어떤 경우에나 수탉의 벼슬은 발기했고, 짝짓기 과정에서 암탉에게 선택되기 위한 수탉 특유의 공격성도 다시 나타났다.

베르트홀트는 동물의 생명 유지와 행동방식이 뇌뿐만 아니라 다른 기관, 실례로 고환의 영향을 받는다고 결론지었다. 베르트홀트는 고환에서 특정 신호물질이 분비되어 혈류를 타고 뇌로 전달된다고 보았다. 베르트홀트가 '신호물질' 이라 부른 것이 바로 남성호르몬, 곧 안드로겐(androgen)이다. 그러나 베르트홀트 당시에는 호르몬이라는 용어가 사용되지 않았다. 그가 '신호물질' 이라고 부른 것의 화학적 구조를 규명하는 것이 당시에는 어려웠고, 호르몬을 분비시키는 기관의 작은 변화가 유기체 전체에 영향을 미치는 방식에 대한 개념 틀과 실험 방법론이 아직 정착하지 않았기 때문이다. 베르나르는 그

	신경계	내분비체계
해부학적 구조	연결	분리
전달 신호	전기	내분비물
전달 매질	신경	혈류

러한 개념 틀과 실험방법론을 건설한 인물 중 한 명이다.

되먹임 ●●

베르나르는 여러 생리학적 연구를 통해 1850년 무렵 내분비체계 개념
을 정립해가고 있었다. 신경계와 달리, 내분비체계의 기관들은 해부
학적으로 서로 연결되어 있지 않다. 신경계의 전달 신호가 전기적 자
극이라면, 내분비체계의 전달 신호는 특정 기관의 내분비선에서 분출
된 분비물이다. 내분비물은 혈류를 통해 다른 기관으로 전달된다.

내분비체계가 하나의 시스템으로 유지되는 데 필요한 내분비물의
역할은 무엇인가? '전달 신호'라는 은유는 내분비물의 체계 조정 기
능을 암시하고 있다. 그러한 조정 기능은 내분비체계가 일정 상태에
서 벗어났을 때 원래 상태로 되돌려놓는 역할을 하고 있음을 보여준
다. 그렇다고 초자연적인 복원력이 내분비선에 들어 있다고 가정할
수도 없다. 베르나르의 돌파구는 '되먹임' 개념이었다. 특정 기관 A
의 내분비물이 혈류를 타고 다른 기관 B의 표적세포(target cell)와
결합함으로써 생명 유지에 필요한 물질을 만들어낸다. 그 과정에서
얻어진 특정 화합물이 A로 되먹임된다. 그 특정 화합물과 기관 A의
세포 사이의 화학반응으로 내분비물의 양이 조절된다는 것이다.

베르나르는 되먹임에 의한 내분비체계의 항상성, 곧 일정 상태를

유지하려는 성향에 따라 유기체의 내부 환경과 외부 환경이 서로 구분된다고 여겼다. 온도와 같은 조건에 의해 좌우되는 유기체 내부 환경이 일정 상태를 유지하는 것은 생명 유지에 있어 가장 기본적인 조건이다. 베르나르에게 질병은 내부 환경이 더 이상 일정 상태를 유지할 수 없는 경우에 해당하고, 그러한 경우는 비정상 상태로 규정된다.

되먹임에 의해 내부 환경이 일정 상태를 유지하는 것, 곧 항상성은 내분비체계가 정말로 하나의 '시스템'으로 작동한다는 사실을 함축하지만, 그 사실이 실험적으로 확인되기까지는 좀더 오랜 시간이 걸렸다. 특정 내분비체계가 작동하는 방식에 대한 완전한 최초의 화학적 규명은 영국의 윌리엄 배일리스와 어니스트 스탈링이 해냈다. 그들은 신경을 제거한 상태의 소장 벽에서 세크레틴(secretin)이라는 화합물이 분비되고, 혈류에 의해 전달된 세크레틴이 췌장을 자극하여 소화에 필요한 즙이 생산된다는 사실을 밝혔다. 1905년 스탈링은 '흥분시킨다'는 의미를 가진 그리스어 'hormon'에 착안해 세크레틴과 같은 내분비물을 총칭하는 용어 '호르몬'을 만들었다.

각종 내분비체계와 함께 인슐린(insulin)을 비롯한 여러 호르몬 및 특정 호르몬과 반응하는 세포의 수용기(receptor) 작용이 밝혀졌고, 항상성과 되먹임 개념은 일상생활에 빠르게 침투했다. 제2차 세계대전을 거치면서 비행 및 추적장치의 개발과 함께 되먹임 개념은 인공적으로 구현할 수 있게 되었다. '되먹임'이 일상 개념으로 정착한 여정 속에는 수많은 에피소드가 스며 있다. 그중에서도 동물 실험에 관한 에피소드는 과학이 귀족층에서 해방되어 사회적 담론의 공적 대상으로 정착되는 시기의 상황을 잘 보여준다.

동물 실험을 둘러싼 악연 ●●●

브라운-세카르와 마찬가지로 극작가의 길을 걷다가 의학을 공부하게 된 베르나르는 우수한 성적으로 시험을 통과해본 적이 없는 인물이었다. 그는 뛰어난 실험 솜씨 덕에 콜레쥬 드 프랑스의 교수이자 프랑스 생리학의 시조로 평가되는 프랑수아 마장디의 조수가 되었다. 하지만 베르나르는 학자로서 생계 유지에 필요한 대학 교원 자격시험에서 떨어졌다. 여기에는 의대 내에서 생리학의 지위를 둘러싸고 벌어지던 갈등도 한몫을 했다. 1845년 베르나르는 친구의 소개로 돈 많은 의사의 딸인 마리-프랑수아즈 마르타와 결혼했다. 그는 거액의 신부 지참금으로 실험을 계속할 수 있었다. 베르나르는 곧이어 췌장의 지방 분해작용, 간의 당 축적 기능, 근육의 흥분 과정, 교감 신경의 역할 등 여러 연구 성과를 거뒀다.

베르나르에게 결혼은 이중의 의미가 있었다. 부잣집 딸과 결혼해서 과학자로서의 야망은 펼칠 수 있었지만, 그의 결혼 생활은 불행했다. 마리-프랑수아즈는 동물 실험에 반대했다. 동물의 특정 부위를 자극함으로써 나타나는 변화는 기관 기능 연구에 필수적이었다. 그러한 변화를 연구하기 위해서는 동물이 살아 있는 상태에서 해부해야 했기 때문에, 19세기의 생리학 실험은 일반인에게 끔찍하게 비쳐질 수밖에 없었다. 그 끔찍함은 인간의 복지라는 미명으로 정당화되곤 했는데, 마리-프랑수아즈는 그러한 이념을 받아들이지 못했다. 마장디가 죽은 후 그의 후계자로 선출된 베르나르는 과학자로서의 명망과 권위를 얻었지만, 마리-프랑수아즈와 두 딸은 그에게서 점점 멀어졌다. 결국 1869년 베르나르와 마리-프랑수아즈는 이혼을 하게 된다.

베르나르는 생리학에 기반을 둔 의학을 과학적인 것으로 여겼다. 특정 유기체에 고유한 내부 환경이 일정하게 유지되는 것, 곧 항상성이 생명 유지에 필수적이기 때문에, 유기체 내부 환경에 교란을 일으켜야 비로소 항상성을 규명할 수 있다. 실례로 특정 내분비체계의 기능을 알기 위해서는 관련 기관에 변화를 줘야 한다. 많은 질병은 항상성이 깨진 상태와 관련이 있기 때문에, 질병 원인을 규명하기 위해 생리학의 실험이 중요했던 것은 분명하다. 질병의 원인 규명과 치료를 위해 동물 실험은 피할 수 없어 보인다.

그러나 의학의 과학적 토대가 생리학에만 한정되는 것은 아니다. 의학의 여러 목적들, 실례로 위생, 보건, 편안한 죽음, 전염병 예방과 같은 것들이 생명 유지 관점의 질병 치료에만 국한되는 것도 아니다. 생리학이야말로 의학의 과학적 토대가 되어야 한다는 베르나르의 이념에는 정치적 색채도 배어 있었다. 해부학과 동물학은 전통적으로 의학을 공부하기 위한 필수 분과로 여겨졌다. 초기 생리학은 해부학의 하부 분과로 취급되었으며, 당시 프랑스에서는 생리학이 대학에서 개별 분야로 독립하지 못한 상태였다. 어떤 분과가 의학의 중심에 서야 하는지를 놓고 의대 내 여러 전공자들 사이에는 미묘한 긴장감이 흐를 수밖에 없었다.

베르나르는 말년에 영국에서 프랑스로 유학온 안나 킹스포드와 불편한 관계를 맺게 된다. 안나는 19세기 영국 빅토리아 시대에 의학박사 학위를 받고 개업을 한 최초의 여성이다. 그녀는 여성의 권리를 옹호하는 잡지를 출간했으며, 고대 기독교 및 동방 종교의 신비주의에 빠져 있었다. 안나는 영국의 신지학회(society of theosophy)와 비술학회(hermetic society)를 설립하기도 했다. 그가 고대 신비주의에

안나와 베르나르

매료되어 있었다고 하여 안나가 과학을 비하하고 종교를 강조한 것
은 아니다. 그녀는 여성의 동등한 교육권과 정치 참여권을 위해 대학
과 의회에서 성직자 세력 추방론을 옹호하기도 했다. 고대 신비주의
는 그녀에게 과학, 철학, 종교를 하나로 묶어주는 이념이었다.

　과학과 신비주의가 어울릴 수 있다는 것은 논란의 여지가 있다. 그
러나 신비주의가 안나와 베르나르의 관계를 불편하게 만든 것은 아
니다. 실질적 원인은 그녀가 동물 실험 절차 및 허용 범위를 놓고 프
랑스 의학계에 대항했기 때문이다. 동물 실험은 당시 연구뿐만 아니
라 수업의 시연 대상이기도 했다. 베르나르 루이 파스퇴르가 동물
열(animal heat)에 관해 수업을 할 때면 기니피그 또는 개 한 마리가
죽곤 했다. 특별한 오븐 장치에 놓인 동물들은 수업 중에 고통을 겪
으며 죽어갔으며, 학생들은 이러한 광경을 직접 목격했다. '루퍼스'
라는 애칭을 가진 기니피그를 키우던 안나는 고통에 대해 아무런 저
항도 하지 못하는 실험동물을 동정했다. 그녀는 수업 시간에 시연되
는 동물 실험의 교육적 효과에 대해 공개적으로 문제를 제기했다.

채식주의자인 안나는 생체 해부에 근거한 동물 실험에 반대했다. 해부는 죽은 동물에 한해서 행해져야 하며, 위생과 섭생 및 환경 개선이 질병 관리에 더 중요하다고 주장했다. 이러한 안나의 주장은 실험생리학이 의학의 과학적 토대가 되어야 한다고 믿는 베르나르에게는 수용될 수 없었다. 둘 사이에는 동물 실험을 놓고 자주 의견대립이 있었고, 안나는 생체 해부에 근거한 동물 실험에 반대하는 글과 선전문을 여러 곳에 썼다.

객관적 평가 ●●●

동물 실험을 둘러싼 베르나르와 안나의 불편한 관계는 특정 이념을 정당화하는 데 종종 도용되는 사례이다. 어떤 이는 특정 사건을 고발하기 위해 베르나르의 저서에 담긴 문장 몇 개를 가지고 당시에도 현재에 통용되는 연구 절차와 같은 것이 지켜진 것처럼 묘사한다. 그러나 19세기 말까지도 실험의 연구 절차는 정책 차원의 대상이 아니었다. 연구팀을 이끄는 인물이 연구 절차를 결정했으며, 팀원들은 그를 중심으로 다른 연구팀에 대항해 결속력을 과시하기도 했다. 동물 실험실 주변의 사람들은 종종 한밤중에 들려오는 동물의 비명소리로 인해 잠을 이루지 못했다. 아침이 되면, 조각난 동물의 몸체들이 주변 거리에 버려지기도 했고, 일부 사람들은 부패 과정 중 발생한 세균 감염으로 죽기도 했다. 오늘날의 관점에서 볼 때 불필요한 동물 실험이 행해졌던 것도 사실이다.

통속적인 신비주의자들 일부는 안나가 일명 '영적 번개(spiritual thunderbolt)'라고 불리는 염력으로 베르나르와 파스퇴르 모두를 죽였다면서 그녀를 초자연적 힘을 지닌 영매로 묘사하기도 한다. 이러한 묘사는 에드워드 메이틀랜드가 안나 사후에 쓴 전기에 근거한다. 그의 안나 전기는 역사적 신빙성을 결여한 것이다. 물론 채식주의자인 안나가 그에게 베르나르와 파스퇴르에 대한 개인적 증오감을 표현했을 수는 있지만, 그 증오감이 곧 염력은 아니었다. 안나가 신비주의에 관심을 두었다고 해서 그녀를 영매로 과장하는 것은 역사적날조다. 그녀는 19세기 여성의 권리와 동물의 고통을 대변한 인물로불려야 할 것이다.

베르나르와 안나에 대한 객관적 평가는 무엇인가? 이 질문에 대한대답은 간단하다. 베르나르는 내분비체계의 항상성을 연구할 수 있는 개념 틀과 실험 방법론을 마련하는 데 기여했다. 안나는 연구 절차가 학문적 권위를 가진 소수 남성들에 의해 일방적으로 결정되는당시 관행에 도전한 여성이었다.

동물 실험을 둘러싼 베르나르와 안나의 불편한 관계는 무엇을 보여주는가? 그 관계는 현시점에서 동물 실험 찬반론에 이용될 수 없다. 또 베르나르와 안나의 경우 중 어느 한쪽을 절대 선 혹은 절대 악으로 규정할 수도 없다. 베르나르와 안나의 관계는 과학의 역사에서전환기의 양상을 드러내준다. 서양 과학은 귀족층에서 출발했다. 과학자 집단은 그만큼 사회적 권위를 누렸던 인물들로 주로 구성되었다. 이것이 과학이 다른 세력에 대항해 꾸준히 발달할 수 있었던 하나의 원동력이기도 했다. 19세기에 이르러 상황은 변화한다. 베르나르가 실패한 가난뱅이 사업가의 아들이었다는 사실이 보여주듯이, 과학의 지식은 점차 다양한 계층으로 확대되기 시작했다. 비록 여성들은 이 과정에서 배제되었지만, 과학을 둘러싼 문제를 사회의 공적담론 주제로 이해하는 방식은 19세기 중엽에 들어서면서 정착했다.

여기에는 동물 실험의 절차와 범위도 예외가 될 수 없었다.

과학을 둘러싼 문제가 본격적으로 국가 정책의 대상이 된 시기는 20세기다. 현시점에 합당한 동물 실험 절차와 범위는 열린 문제다. 현대사회가 과거보다 훨씬 다양하게 계층화된 만큼, 동물 실험에 대한 특정 찬성론 혹은 반대론으로 모든 사람의 생각을 몰아가기는 힘들기 때문이다. 한 가지는 분명하다. 동네 어귀에 실험실을 짓고, 마음대로 동물 실험을 하고, 아침에 죽은 동물 잔해를 쓰레기통에 버릴 수 있는 시기는 지나갔다.

 더 생각해볼 것

1 ◆ 본문의 신경계와 내분비체계의 구분에 의거해 베르트홀트의 실험을 재구성해 보자.

2 ◆ 되먹임 개념은 인터넷을 이용한 실시간 온라인 게임 속에도 스며 있다. 스타크 래프트 게임에서 자원을 많이 모아야 더 많은 유닛(units)을 구성할 수 있고 안정된 기지를 만들 수 있다. 스타크래프트 게임에서 자원을 확보하는 것은 실제로는 전기적 신호로 전달되는데, 그러한 신호량에 비례하여 게임 체계가 게임 참가자로 하여금 더 많은 유닛을 확보하게끔 작동한다. 이렇게 전체 게임 체계가 특정 신호량에 비례해 게임 참가자에게 이득을 주는 경우는 '양의 되먹임(positive feedback)'으로 불릴 수 있다. 이와 반대되는 '음의 되먹임(negative feedback)'이 필요한 게임은 어떤 종류일까?

3 ◆ 지금은 아무리 돈이 많아도 동네 어귀에 실험실을 짓고 마음대로 동물 실험을 할 수 없는 시대다. 그렇게 하는 경우 나타날 수 있는 부작용이 있기 때문이다. 그러한 부작용에는 어떤 것들이 있을까?

4 ◆ 여러분이 생각하는 동물 실험의 허용 범위에 대해 말해보라.

5 ◆ 결혼이 베르나르에게 가져온 이득과 손해에 대해 평가해보자.

6 ◆ 베르나르는 굶긴 토끼들의 오줌이 맑아졌다는 사실을 확인했다. 그는 풀 대신에 동물 사료를 토끼들에게 먹였는데, 토끼들의 오줌 농도는 변하지 않았다. 토끼들을 해부한 결과 췌장즙이 소화에 관여한다는 사실이 밝혀졌다. 토끼의 췌장즙이 동물 물질에 반응하지 않는다고 결론지을 수 있는 이유를 설명해보자. (어떤 음식물이 소화된 경우와 그렇지 않은 경우가 오줌 농도에 미치는 영향을 추측해보자.)

7 ◆ 안나는 천성적으로 심한 천식을 앓고 있었다. 그리고 결국 천식과 다른 감염에 의한 합병증으로 죽었다. 누군가 그러한 안나에게 미래의 천식 환자를 치료하기 위해서라도 생체 해부에 근거한 동물 실험이 필요하다고 말했다고 가정해보자. 그 말에 의사로서의 안나는 어떤 반응을 보였을까?

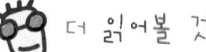 더 읽어볼 것

◆ Bernard, C. (1957), *An Introduction to the Study of Experimental Medicine*, Dover.

◆ Kingsford, A. (1997), *Perfect Way in Diet: A Treatise Advocating a Return to the Natural and Ancient Food of our Race*, Kessinger.

◆ Kingsford, A. (2002), *Health, Beauty, and the Toilet: Letters to Ladies from a Lady Doctor*, Adamant Media.

◆ Wilson, J.D. (2003), *Wilson's Textbook of Endocrinology*, Elsevier.

19

시험관 수정 IVF*

— 효과적인 정책이란

관련 글: 내분비체계, 면역학

루이즈 조이 브라운은 시험관 수정, 곧 IVF(in vitro fertilization)에 의해 태어났다. 그 이후, 전신 마취나 외과술을 거칠 필요가 없는 수준으로 발달한 IVF는 현대 보조 생식기술을 대표하게 되었다.

유성생식 ●

유성생식은 암수의 생식세포, 곧 난자와 정자가 결합된 수정란이 분화하여 개체로 탄생하는 과정을 일컫는다. 생식세포는 암컷과 수컷의 유전형을 운반하는 역할을 하며, 수정은 생식세포의 결합 과정이다. 인간의 정자에는 X 또는 Y형의 성염색체가 들어 있다. 난자에는 Y염색체만 들어 있다. 정자와 난자가 결합하여 46개의 염색체를 가진 이배체 배아(diploid embryo)가 형성되는 것이다. 난자와 결합하는 정자의 염색체가 X라면, 그러한 배아에서 발생할 개체의 생물학적 성(性)은 암컷이 된다. 정자의 염색체가 Y라면, 그러한 배아에서 발생할 개체의 생물학적 성은 수컷이 된다.

여성, 남성이라는 말이 문화적 요인까지 포함하는 폭넓은 개념이라면, 암컷과 수컷이라는 생물학적 성은 수태 혹은 임신 가능성과 관련된 배우자 개념이다. 수태 혹은 임신 가능성에는 염색체 외에도 호르몬, 생식기의 해부학적 구조, 환경 등 여러 요인이 개입하기 때문에, 생물학적 성 역시 염색체에 의해서만 일방적으로 결정되는 것은 아니다. 특히 어류나 양서류의 경우에는 온도와 같은 주변 환경 요인에 의해 수컷 대 암컷의 성비가 조정된다고 알려져 있다.

포유류 수컷 생식기에는 일반적으로 정자 생산과 남성호르몬 분비를 담당하는 고환, 발기 가능한 외부 기관인 음경, 정자의 운동을 도와주는 분비물 및 여러 관들로 구성되어 있다. 관들로서는 정자를 보관하는 부고환, 수정관, 사정을 용이하게 해주는 추진관이 있다. 포유류 암컷 생식기는 난자가 될 난모세포를 담고 있는 난소, 난자를 난소에서 자궁으로 운반해주는 수란관, 난자를 수용하고 배아가 발생할 장소인 자궁, 정자가 통과하는 자궁목, 그리고 성행위시 페니스와 접촉하는 외부 성기인 질로 구성되어 있다. 여성호르몬은 난모세포에서 난자의 활성 및 억제를 담당한다. 정자는 계속 만들어지지만, 난모세포는 태어날 때 난소에 미리 형성되어 있다. 많은 난모세포 중 일부만 난자로 발달하는데, 난자의 형성 시점을 배란기라고 한다.

정자와 결합해 새로운 개체를 만들 수 있는 모든 조건을 충족한 난자의 상태를 수정란이라고 부른다. 수정란이 2배 혹은 4배 분화 단계를 거친 이후의 상태는 배아(胚芽)라고 불린다. 인간의 경우, 14일 정도 지난 배아에 원시선(primitive streak)이 나타난다. 그 선이 척수신경계가 된다고 알려져 있다. 척수신경계의 핵심부인 두뇌는 40일경에 그 초기 형태를 갖춘다고 한다. 약 24주가 지난 배아는 체외배

양이 가능하다.

보조 생식기술 ●●

보조 생식기술은 불임 부부의 생식을 도와주는 기술을 총칭한다. 불임은 정자수 감소, 정자의 운동 능력 저하, 질내 분비물의 산성 강도, 수란관의 막힘 및 면역 기능을 비롯한 복합적 원인을 갖고 있다. 전통적인 보조 생식기술로서는 정액 인공 주입법을 들 수 있다. 질을 통해 자궁목 주위로 정자가 도달하도록 외부에서 주사기로 정액을 주입하는 기술이다. 정액 인공 주입법은 남편의 정자를 이용하는 AIH(artificial insemination with husband sperm)와 기증받은 정자를 이용하는 AID(artificial insemination with donor sperm)로 나뉜다.

시험관 수정 IVF는 세포 조작 기술에 속한다. IVF의 도움에 근거한 임신과 출산의 첫 성공 사례는 1977년으로 거슬러올라간다. 올드햄 종합병원의 산부인과 의사 패트릭 스텝토는 1950년대 복강경 검사법을 개발하는 데 기여한 인물이다. 동시대 케임브리지 대학 동물학과의 생리학자 로버트 에드워즈는 생식 및 배아 발생을 연구하고 있었다. 1968년 학회에서 우연히 만난 두 사람은 시험관 내에서 난자와 정자를 결합시켜 수정란을 만드는 세포 조작 기술의 가능성에 대해 논의했고, 1969년 56개의 난자 중 24개를 시험관 내에서 성숙시키는 데 성공했다.

그러나 스텝토와 에드워즈의 공동 작업이 안정된 IVF 기술로 발전하는 데에는 약 10여 년이라는 시간이 걸렸다. 우선 배란을 촉진시키는 호르몬 치료법, 시험관 내에서 성숙된 난자를 정자와 결합시켜 수정란으로 만드는 기술, 그리고 그렇게 만들어진 수정란을 불임 여성

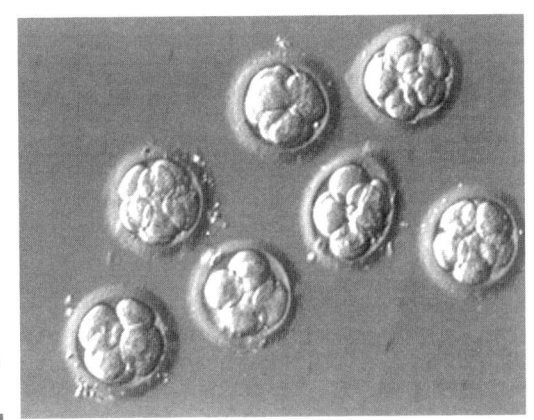

4~8배로 분화된 배아들의
현미경 사진

의 자궁벽에 착상시키는 기술의 개선이 시급했다. 스텝토와 에드워즈는 시험관 내에서 만들어진 수정란을 불임 여성의 자궁에 착상시켰으나, 결과는 번번이 실패로 끝났다.

스텝토와 에드워즈는 시험관 내에서 64배로 분할된 배아를 여성의 자궁에 착상시켰다. 어느 정도 성숙한 배아를 자궁에 착상시키면 성공할 가능성이 더 높다고 믿었기 때문이다. 그들은 방법을 바꿔 2~3일 지난 초기 배아, 곧 2~4배로 분할된 배아를 여성의 자궁에 착상시키기로 결정했다. 스텝토와 에드워즈는 이 방법을 레슬리 브라운과 존 브라운 부부를 대상으로 시도했다.

레슬리는 수란관 막힘 증상으로 임신을 할 수 없었다. 그녀는 배란기에 맞춰 적절한 호르몬 치료를 받았다. 스텝토는 복강경 기술 전문가 장 퍼디의 도움을 받아 난자를 채취했다. 시험관 내에서 성숙된 난자는 제임스 브라운의 정자와 결합하여 초기 상태의 배아로 발달했다. 스텝토와 에드워즈는 1977년 11월 13일 그 초기 배아를 레슬리의 자궁벽에 착상시키는 데 성공했다. 그 이후, 레슬리는 초음파 검사를 비롯한 정기 검진을 받았고, 뱃속의 태아는 정상적으로 잘 자랐다. 그리고 1978년 7월 25일 최초의 시험관 아기인 루이즈가 태어났다. 특별한 경우가 아니라면, 전신 마취나 외과술을 거칠 필요가 없는 수준으로 발달한 IVF는 현대 보조 생식기술을 대표하게 되었다. 2004년에 결혼한 루이즈는 2년 후 자연 임신을 통해 건강한 남자 아이를 출산했다.

범려의 출산 정책 ●●●

인류라는 말에는 전쟁을 비롯한 집단간 경쟁과 갈등이 포함되어 있다. 인구수는 언어, 문화, 지역적 격리 등 여러 요인에 의해 다른 집단과 구분되는 한 집단의 생존에 중요한 변수였다. 굳이 맬서스의 인구론을 들먹이지 않아도, 인구수는 고대부터 집단의 통치자에게 민감한 문제였다. 원치 않는 임신을 피하기 위한 피임 기술은 고대까지 거슬러올라간다. 고대 이집트에서는 동물 창자로 만든 남성용 피임 기구가 사용되었고, 4천 년 전에 출산과 산후 조리를 담당하는 전문 기관들이 이미 있었다.

고대사회에서 출산이 집단 차원의 계획적 정책 대상이 된 사례는 중국에서 찾아볼 수 있다. 농민의 이동이 상대적으로 자유로웠던 고대 중국 문명권에서 제왕(帝王)은 덕치(德治)에 바탕을 둔 일명 '왕도정치'를 행할 필요가 있었다. 그래야 더 많은 농민이 제왕의 지역으로 몰려오기 때문이다. 고사성어 '와신상담(臥薪嘗膽)'에 등장하는 변방의 월나라는 오나라와의 전쟁에 패한 후 제왕의 왕도정치에만 의존할 수 없었다. 월나라의 지략가 범려는 빠른 기간 내에 국력

범려

을 강화하기 위해 계획적인 출산 장려 정책을 시행한 인물이었다. 숙적이자 힘이 더 강한 오나라에 대항하기 위해 범려는 왕에게 혼인한 부부가 아들을 낳으면 술과 개 한 마리를, 그리고 딸을 낳으면 술과 돼지 한 마리를 상으로 내리게 했다. 또 17세가 된 처녀와 20세가 된 총각은 반드시 혼인을 하게 했다.

범려의 출산 장려 정책은 단순히 포상 정책이었을까? 그렇지 않다. 하나의 정책은 다른 정책과 조화를 이룰 때 성공할 수 있음을 범려는 잘 알고 있었다. 오나라 왕이 어설프게 덕치 흉내를 내는 동안, 월나라는 여러 계획된 정책들을 차곡차곡 실행해갔다. 농업과 상업을 균등하게 분배하여 사회의 경제적 기반을 안정시키고 조세 개혁을 시행하는 한편, 남녀노소를 불문하고 인재를 등용하는 정책을 시행했다. 그러한 정책들은 출산 장려 정책과 잘 들어맞았고, 월나라는 단기간에 부를 축적하고 인구를 늘려 오나라를 정벌할 수 있었다.

범려가 살던 시절에는 일정한 나이에 이른 남녀를 강제로 결혼시킬 수 있었고, 다수가 이에 수긍했다. 그러나 지금은 가치 체계가 변화하여 결혼이 삶의 필수조건처럼 여겨지지 않게 되었다. 출산 정책 역시 더 이상 제왕의 목적이 아니라 사회적 합의의 대상이 되었다. 우리도 노령화 사회에 접어들었고, 각종 출산 장려 정책이 신문과 방송을 통해 보도되고 있다. 그 정책이 실효를 거두려면 다른 정책과 효과적으로 연계되어야 한다. 특히 불임 남성 및 여성의 수는 증가 추세에 있지만, 그 원인은 아직도 규명되지 않은 상태다. 이러한 상태가 IVF와 같은 보조 생식기술에 의해 변화될지는 의심스럽다. IVF 기술에 의한 임신 성공률은 자연 임신에 비해 여전히 매우 낮기 때문이다. 하지만 IVF 기술이 허용된 상황에서 불임 부부의 여러 현실적 요청이 무시될 수는 없다.

국내의 경우, 최초의 시험관 아기는 1985년에 태어났다. 서울대병원의 장윤석 팀은 IVF 기술에 근거해 초기 배아를 만들고 자궁에 착상시키는 데 성공했다. 이렇게 하여 임신에 성공한 여성은 꾸준한 정기 검진을 받았고, 1985년 10월 12일 제왕절개술에 의해 건강한 쌍둥이 남매를 출산했다. 현재 매년 약 8천 쌍 이상의 불임 부부들이 보조 생식기술의 도움을 받고 있다. 그러나 불임 부부가 받는 값비싼 시험관 수정에는 아무런 지원도 주어지지 않는 실정이다.

더 생각해볼 것

1 ◆ 사회 문화적 요인과 무관하게 남성, 여성이 결정되는 것은 아니다. 하지만 어떤
이는 남성, 여성의 구분이 생물학적 성과 아예 무관하다고 주장한다. 실례로 난
소와 정소를 모두 갖고 있는 것으로 판명된 아이의 성이 수술을 통해 결정될 때
우리 부모들 대부분은 남아를 원한다. 그 이유는 무엇이라고 생각하는가?

2 ◆ 아이의 성을 수술로 결정해야 할 때 우리 부모들 대부분은 남아를 원한다는 사
실은 성 결정이 생물학적 요인과 무관하게 문화적·사회적 요인에 의해 결정
된다는 주장을 뒷받침해주는가?

3 ◆ IVF의 도움을 받은 생식은 기본적으로 세포 조작 기술에 바탕을 두고 있다. 쥐
세포와 인간종양 세포를 합성시켜 단일 항체만을 갖는 하이브리도마
(hybridoma), 곧 잡종 세포를 만드는 것도 세포 조작 기술에 속한다. 그런데
하이브리도마 기술과 달리, IVF 기술의 경우에는 여러 윤리적 문제들이 제기
된다. 왜 그럴까? (IVF 기술이 적용되는 세포의 기능에 주목하자.)

4 ◆ 그러한 윤리적 문제들을 열거해보고, 자신의 동기를 설명해보자.

5 ◆ 신문과 방송을 통해 각종 출산 장려 정책이 보도되곤 하지만, 그 실효성은 매우
의심스러운 실정이다. 이에 대한 이유를 범려의 경우에 대비시켜 설명해보자.

더 읽어볼 것

◆ 무외자 지음, 이원섭 옮김(2005), 『속삼국지 2: 와신상담편』, 명문당.

◆ Brown, L.(1984), *Our Miracle Called Louise: A Parent's Story*, Paddington.

◆ Henig, R.M.(2006), *Pandora's Baby: How the First Test-tube Babies Sparked the Reproductive Revolution*, Cold Spring Harbor Laboratory.

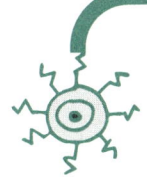

20

발견의 연결 지도 1~4

남매 과학자들, 내분비체계, 시험관 수정이라는 세 사례는 얼핏 보기에 역사적으로 아무런 연결성이 없는 것처럼 보인다. 그러나 그 세 사례는 과학과 기술이 귀족층 남성 권력에서 해방되어 사회의 공공 정책 대상으로 정착한 과정을 상징한다.

사례 '남매 과학자들'은 과학과 기술이 귀족층 남성 권력에 종속되어 있던 시절을 상징한다. 그러한 시절 과학, 기술, 수학에서 두각을 나타낼 수 있었던 여성들은 여러 난관을 극복해야만 했다. 최초로 연봉을 받은 여성 과학자로 기록된 캐롤라인 루크레티아 허셜은 오빠의 도움이 없었다면 천문학에 입문할 수 없었을 것이다. 물표면 성질을 연구하여 표면과학의 토대를 마련한 포켈스는 부엌에서 실험을 해야만 했다. 소머빌 역시 그녀의 지적 호기심을 이해해줄 남편을 만나지 못했다면 자연철학자의 길을 걷기 힘들었을 것이다. 과학기술이 사회의 공공 정책 대상으로 굳어지기 시작한 시절에도, 여성들은 전공 선택과 승진에서 불이익을 받아야만 했다. 세페이드 변광성의

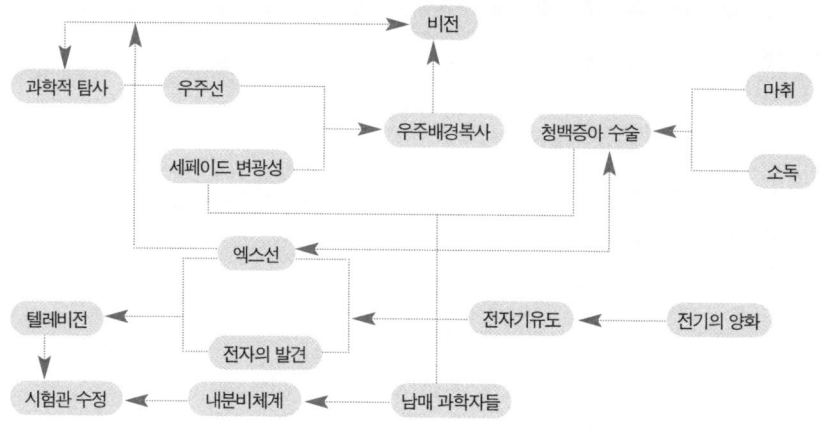

연결 지도 1~4

발광 주기와 천체 거리 사이의 상관관계를 규명한 리빗, 청백증아의
생명을 구하기 위해 노력한 타우시그 역시 여성에 대한 편견에서 자
유롭지 못했다.

　19세기 중엽이 지나면서 과학은 귀족의 손아귀에서 벗어나 일반
대중에게 확대되었다. 베르나르처럼 실패한 사업가의 아들도 과학을
할 수 있는 길이 열린 것이다. 하지만 과학의 문은 여성들에게는 여
전히 굳게 닫혀 있었다. 그나마 과학이 일반 대중에게 확대되면서 기
술과 결합할 가능성은 더욱 커졌고, 사회구조 또한 과학과 기술의 상
호작용에 의해 전환기를 맞는다. 그러한 전환기에 안나 킹스포드는
내분비체계의 개념적 토대와 실험방법론을 마련한 베르나르와 불편
한 관계를 맺게 된다. 일반 수업 시간에 동물 실험을 시연하는 것이
불필요하다고 여겼기 때문이다. 안나 킹스포드를 단순히 생체 해부
에 근거한 동물 실험 반대자로 평가해서는 안 된다. 그녀는 연구 절

차가 특정 소수에 의해 일방적으로 결정된 당시 관행에 도전하고 고발한 여성으로 평가되어야 한다.

제2차 세계대전이 끝나고 과학기술은 인간의 생명현상을 조작할 수 있는 수준까지 발전했다. 텔레비전 설계를 둘러싼 특허 분쟁 사례를 통해서도 사회 속에 기능하는 과학기술의 복잡성을 파악할 수 있었지만, 생물학과 공학의 결합은 그 복잡성을 더욱 증가시켰다. 사회 속에 기능하는 과학기술의 복잡성은 단순히 과학기술 자체에 국한된 이야기가 아니다. 인간 생명을 규정하기 어려운 만큼, 생명에 대한 이해 방식에서도 집단간 차이를 보일 수밖에 없다. 연구 절차, 연구 결과의 관리 및 공유, 특정 과학기술의 적용 유무에 대한 시민의 의견 반영, 위험성과 이득의 균형 잡힌 계산 등이 고려되지 않고서는 효과적인 과학기술 정책을 펼 수 없는 시점이 도래했다. 시험관 수정 IVF로 대표되는 보조 생식기술은 그러한 사항들이 논의되면서 사회에 정착한 사례다.

5

방법론의 뒤섞임

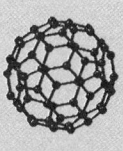

21

디프테리아 백신★

— 조직화

관련 글: 소독, 디프테리아 시크반응 검사, 면역학, 팔이식, 혈액형

과학적 발견의 경로는 다양해서 하나의 방식으로 규정될 수 없다. 여러 발견들을 유기적으로 결합해 문제를 해결하는 '조직화'의 방법은 에밀 폰 베링과 기타사토 시바사부로(北里柴三郎)의 디프테리아 백신 개발 과정에 잘 드러나 있다. 디프테리아 백신 개발에 의해 탄생한 혈청요법은 항독소의 체내 반응에 근거하기 때문에 면역 과정에 대한 과학자 공동체의 호기심을 자극시켰다.

백신 ●

특정 세균의 독소에 대한 면역을 강화시켜 질병을 치료하는 백신의 역사는 1790년으로 거슬러올라간다. 영국의 의사 에드워드 제너는 세균학이 발달하지 않았던 시절 경험적인 방법으로 종두법을 발견했다. 그는 우두를 앓은 사람들이 더욱 치명적인 천연두에 면역성을 갖고 있다는 사실을 알고 있었다. 그는 사람들에게 소량의 우두 병소를 미리 주사하면 천연두를 막을 수 있으리라 생각했다. 제너의 종두법은 성공적이었으며, 라틴어 'vacinia'는 우두를 뜻한다.

지석영 선생이 종두법을 이 땅에 들여온 1880년, 파스퇴르는 탄저병과 광견병에 대한 백신을 개발하는 데 성공했다. 제너의 시대와 달리 19세기 말에는 세균학이 발달하여 특정 질병에 대한 세균을 분리시키고 인공적으로 배양할 수 있게 되었다. 세균의 자연발생설이 부정되고, 파스퇴르 이후 로베르트 코흐를 비롯한 일련의 학자들이 특정 세균만 분리해 배양할 수 있는 '순수 배양'법을 개발했다. 현대적 세균학의 토대가 마련됨으로써 제너의 종두법은 세균학에 근거해 경험적 효율성의 차원을 넘어 과학의 영역으로 들어서게 되었다.

연관된 발견들 ●●

디프테리아는 19세기 말 산업화와 함께 인구밀도가 높은 도심지에서 빠르게 확산되었다. 디프테리아의 독소는 호흡기 점막에 병소로 자리잡은 후 신경계, 심장 및 신장과 같은 여러 기관을 파괴시킨다. 산업화에 의한 도심지의 인구 증가는 디프테리아와 같은 전염병을 확산켰는데, 사망자들 중 대부분은 어린아이들이었다.

독일의 세균학자 에드윈 클레프스는 1883년 디프테리아 병원균을 분리하는 데 성공했다. 뒤이어 독일의 프리드리히 뢰플러는 그 병원균을 배양하여 실험동물에 주입함으로써 디프테리아가 발생한다는 사실을 확인했다. 디프테리아 병원균은 '클레프스-뢰플러 바실루스'(Klebs-Löffler bacillus)로 명명되었다가 명명법의 일관성을 위해 'Corynebacterium diptheriae'로 수정되었다. 디프테리아의 병원균은 학명을 줄여 'C-디프테리아'로 불린다.

프랑스의 세균학자 피에르 루와 스위스의 세균학자 알렉상드르 예르생은 C-디프테리아에서 질병을 발생시키는 화합물인 독소만을 분리하는 데 성공했다.

혈청요법의 탄생 ●●●

루와 예르생의 발견으로 디프테리아 백신 개발의 목적은 독소를 파괴하거나 독소와의 반응을 통해 질병 발생을 막는 항독소의 개발이 되었다. 그러한 항독소를 찾는다면, 백신의 개념이 달라진다. 종두법이 보여주듯이, 당시까지의 백신 방법은 특정 질병에 저항력을 갖춘 유기체의 병원균 병소를 직접 주사하는 방식이었다.

독일의 세균학자 베링은 파상균을 발견한 일본의 세균학자 기타사토와 함께 디프테리아 백신 개발작업에 들어갔다. 배양된 C-디프테리아에서 독소만을 짜내는 좀더 효율적인 방법이 개발되었다. 베링과 기타사토는 독소를 동물에 주사하는 실험을 통해, 독소에 저항력을 갖게 된 동물들이 실제 C-디프테리아에 대해서도 저항력을 갖는다는 사실을 밝혀냈다. 그들에게 남은 것은 항독소를 찾아내는 작업이었다. 베링과 기타사토는 C-디프테리아 독소에 저항력을 갖춘 실험동물의 혈청에 항독 물질이 있다는 사실을 알아냈다. 베링과 기타사토는 1890년 공동 논문에서 그러한 항독 물질을 '항독소'로 명명했다.

실험동물에 C-디프테리아 독소를 주입하여 디프테리아에 면역성을 갖는 동물 혈청을 대량으로 생산할 수 있다. 그 혈청 안에는 독소를 파괴하는 C-디프테리아 항독소가 들어 있다. 과연 그 혈청을 인간에게 주입하면, 인간도 디프테리아에 대해 면역성을 갖게 될까? 1891년 독일의 세균학자 파울 에를리히는 이 질문에 긍정의 답을 보냈다.

특정 질병의 병원균을 분리하라. 병원균에서 특정 질병에 해당하는 화학적 독소를 찾아내라. 그 독소에 저항을 갖는 실험동물들의 혈청을 생산하라. 항독소를 포함한 그 혈청을 다른 동물이나 사람에게 예방접종하라. 특정 질병을 과거에 앓은 경력이 있든 말든, 예방접종을 한 동물이나 사람은 그 질병에 대해 면역성을 갖게 된다. 이러한 혈청요법은 생화학이 질병 치료의 과학적 토대가 될 수 있는 길을 열었고, 또한 과학자들에게 면역 과정 자체에 대한 탐구욕을 불러일으켰다. 에를리히는 특정 질병에 대한 어떤 동물의 면역성이 예방접종에 의해 다른 동물로 전이될 수 있다는 사실을 '수동 면역' 이라 명명했다.

베링과 기타사토의 디프테리아 백신 개발은 과학적 발견의 조직화 측면을 잘 보여준다. 그들은 과거와 동시대 여러 발견들을 면밀히 조사하고 이를 유기적으로 결합시켜 그들의 문제, 곧 디프테리아에 대한 항독소를 찾는 문제를 해결해냈던 것이다.

베링은 혈청요법의 기초를 다진 공로로 1901년 제1회 노벨 생리의학상을 받았다. 기타사토는 일본으로 돌아가 아시아 각 지역의 풍토

병과 전염병을 연구하여 일본 세균학과 의료 및 제약산업의 과학적 토대를 마련하는 데 일생을 바쳤다. 하노이 의대를 설립하고 동남아 지역의 전염병을 연구하다가 베트남에서 죽은 예르생과 함께 기타사토는 가래톳의 병원균을 찾아냈고, 현 기타사토 대학의 전신인 기타사토 연구소를 설립했다.

더 생각해볼 것

1 ◆ 혈청요법의 토대를 닦은 공로자에게 주어진 첫 번째 노벨 생리의학상에서 베링의 공동 연구자 기타사토는 배제되었다. 그 이유는 무엇이라고 생각하는가? (베링이 노벨상을 받은 연도에 주목하자.)

2 ◆ 혈청요법이 탄생한 과정을 과학자들과 그들의 목적을 고려하여 순서도 (flowchart)로 표현하고 설명해보자.

더 읽어볼 것

◆ 로버트 설리번 지음, 문은실 옮김(2005), 『쥐들』, 생각의 나무.
◆ De Kruif, P. (1953), *Microbe Hunters*, Harcourt, Brace & World.
◆ Kyle, R.A. (1999), "Shibasaburo Kitasato-Japanese Bacteriologist", Mayo Clinic Proceedings.

◆ Satter, H.(1967), *Emil von Behring*, Inter Nationes-Bad Godesberg.

디프테리아 시크반응 검사[*]

— 과학적 발견의 사회적 정착

관련 글: 디프테리아 백신, 면역학

과학적 발견은 여러 단계를 거쳐 사회에 정착한다. 우선 과학적 발견은 안전한 사용이라는 관점에서 개선되어야 하며, 새로운 발견에 대한 사회적 인식을 변화시키려는 노력도 뒤따라야 한다. 디프테리아 백신이 개발된 후에 그것이 곧바로 예방접종이라는 제도로 사회에 정착되었던 것은 아니다. 백신의 개선과 함께 디프테리아에 대한 민감도와 면역 여부를 위한 시크반응 검사가 개발되면서, 유아 및 아동을 대상으로 한 예방접종이 사회에 정착할 수 있었다. 그 정착 과정에서 예방접종에 대한 시민의 의식을 일깨워준 공공 캠페인의 역할도 빼놓을 수 없다. 과학적 발견의 사회적 정착은 단순히 과학에만 국한된 것이 아니다.

디프테리아 백신 ●

호흡을 통해 전염되는 디프테리아는 1800년대 말 수천 명의 어린이들의 목숨을 빼앗아간 주요 전염병 중 하나였다. 19세기 초 클레프스와 뢰플러가 디프테리아 세균을 확인했고, 루와 예르생의 연구를 통해 독소만을 분리해내는 기술이 개발되었지만, 백신이 개발된 것은 한참 후인 1890년 베링, 기타사토, 에를리히의 작업을 통해서였다. 이들은 항독소를 직접 환자의 몸에 주입하는 방법을 이용하여 백신을 개발했다.

태아는 모체와 연결된 탯줄을 통해 양분을 그리고 모체에 이미 형성되어 있던 각종 항체들을 전달받는다. 이렇게 어머니로부터 면역력을 전수받고 태어나지만, 신생아의 면역력은 효과를 지속시키지 못한다. 외부의 새로운 자극에 민감한 어린이들의 면역력은 아직 약하기 때문에 각종 항원들의 위험성에 노출되어 있다. 항독소를 직접 환자의 몸에 주입하는 초기 방식의 백신이 개발되지 않았던 시절, 면역력이 약한 유아들이 전염병에 맞서기란 역부족이었다. 그러나 그러한 초기 방식의 백신도 어린이들의 질병 감염 예방에 효과적으로 쓰이는 데에는 문제가 있었다. 이차적으로 나타나는 부작용뿐만 아니라 백신의 효과가 오래 지속되지 않았기 때문이다.

디프테리아 면역 검사 ●●

"세상은 어린이들이 있기에 희망이 있다." 탈무드의 이 말을 인용하며 부모를 설득하고 소아과 의사가 된 헝가리 태생의 벨라 시크는 오스트리아 그라츠 대학에서의 학위를 받은 후, 비엔나 대학에 합류했다. 그는 이상민감증, 곧 알레르기의 기본 원리와 성홍열을 앓은 후의 알레르기에 대한 임상 결과를 발표했다. 베링과 기타사토의 연구를 접한 시크는 디프테리아 백신을 어린이들에게 손쉽게 효과적으로 적용할 수 있는 방법을 찾아나섰다.

시크의 기본 발상은 피부 아래 소량의 디프테리아 독소 혈청을 미리 주입해서 그 경과를 살핀다면 아이가 디프테리아에 얼마나 민감한지와 면역 여부를 확인할 수 있으리라는 것이었다. 디프테리아에 대해 이미 면역성이 있는 경우와 그렇지 않은 경우를 구별할 수 있다면, 전자의 경우에 해당하는 아이들에게까지 디프테리아 백신을 주사할 필요는 없어진다. 시크에게 요청된 것은 '변성독소' 의 개발이었다. 변성독소는 일반 디프테리아 독소에 비해 체내에서 활성화되는 정도가 매우 미약하여 몸에 손상을 주지 말아야 한다. 변성독소를 사용해 어린아이의 디프테리아에 대한 민감도와 면역 여부를 사전에 확인하는 방법을 '시크반응 검사(Schick test)' 라 한다.

시크반응 검사는 디프테리아 변성독소를 주입하여 체내에서 이 독소에 반응할 수 있는 능력이 있는지를 살핀다. 변성독소를 특정 부위에 주입한 후, 그 부위의 피부가 빨갛게 부풀면서 벗겨지는 양성반응을 보이면 백신 접종이 필요하다. 아무런 변화가 없는 음성반응을 보인다면 굳이 백신 접종을 할 필요가 없다. 시크반응 검사가 개발되어 디프테리아 변성독소에 양성반응을 보인 경우에만 백신을 접종하게 되었고, 백신 주사로 인한 이차적인 부작용은 크게 줄어들었다.

사회 속에서 기능하게 된 발견 ●●●

시크반응 검사가 개발된 지 얼마 지나지 않아 항독소를 주입하는 초기 방식에서 '독소-항독소 혼합용액' 을 주입하는 방식으로 백신 방법이 개선되었다. 개선된 방식의 백신은 초기 백신에 비해 이차적인 부작용도 미미했고, 그 효과도 오래 지속되었다. 독소-항독소 혼합

용액을 이용한 백신 개발과 함께 시크반응 검사는 공공을 대상으로
적용되었다.

안전한 디프테리아 백신이 개발되고, 시크반응 검사로 디프테리아
에 대한 면역 여부를 사전에 진단할 수 있게 되었지만, 넘어야 할 산
은 아직 남아 있었다. 바로 시민을 대상으로 한 의료 홍보였다. 많은
어린이들이 시크반응 검사를 받게 된 경위에는 당시 공익광고의 역
할도 컸다. 디프테리아 예방접종에 대한 캠페인은 오늘날에 이르기
까지 성공적인 의료 홍보 사례 중 하나로 꼽힌다. 1923년 미국으로
건너간 시크는 "당신의 아이를 디프테리아로부터 보호하라"라는 문
구를 내걸고 디프테리아 예방접종 캠페인을 기획했다. 그는 뉴욕 시
의 보건 및 아동 관련 기관과 함께 5년에 걸쳐 신문 광고와 기사, 라
디오 방송, 현수막, 강연, 홍보영화 등 각종 방법을 동원해 공공 캠
페인을 벌였다.

베링과 기타사토의 백신 개발이 하루아침에 예방접종으로 실현된
것은 아니다. 아이의 디프테리아에 대한 민감성과 면역 여부를 진단

해주는 시크반응 검사, 독소-항독소 혼합용액을 이용한 백신의 개
선, 예방접종에 대한 시민의식을 일깨우기 위한 공공 캠페인과 같은
일련의 단계들을 거쳤다. 각종 예방접종과 환경의 개선으로 19세기
말 수천 명이나 되는 어린이들의 목숨을 앗아갔던 디프테리아를 비
롯한 세균성 전염병의 발생률은 급격히 감소했다. 시크반응 검사의
원리를 토대로 홍역, 결핵, 백일해, 임질, 매독에 대해서도 면역 여
부와 민감도를 사전에 확인할 수 있는 검사들이 개발되었다.

 더 생각해볼 것

1 ◆ 면역학의 기초를 닦은 에를리히는 능동 면역과 수동 면역을 구분하였다. 외부
　에서 들어온 세균 등에 저항할 수 있는 항체를 스스로 만드는 경우는 '능동 면
　역'으로, 그렇지 않은 경우는 '수동 면역'으로 불린다. '변성독소'라는 용어 또
　한 에를리히가 만들었다. 본문에서 시크의 디프테리아 변성독소의 역할을 능
　동 면역과 수동 면역의 구분에 근거해 재구성해보자.

2 ◆ 질병 치료와 관련된 어떤 발견을 사회에 정착시키려고 할 때 먼저 충족되어야
　할 조건들이 있다. 그러한 조건들에는 무엇이 있을까? 이 물음을 시크의 경우
　에 비추어 답해보자.

더 읽어볼 것

◆ Gronowicz, A. (1954), *Béla Schick and the World of Children*, Abelard-Schuman.

◆ 이 글은 류정은과 공동으로 쓴 것이다.

23

생리학과 의학★★
— 변화하는 분과들의 관계

관련 글: 꿀벌의 엉덩이 춤, 내분비체계

오스트리아 출신의 카를 폰 프리슈는 곤충행동학 연구로, 오스트리아의 콘래드 로런츠와 네덜란드의 니콜라스 틴버겐은 동물행동학 연구로 1973년 노벨 생리의학상을 공동 수상했다. 실용적 연구를 중시하는 노벨 생리의학상의 목적에 비추어볼 때, 곤충 및 동물의 행동학적 연구가 노벨 생리의학상을 받기란 힘들다. 그러나 그러한 연구가 노벨 생리의학상의 고려 대상에서 배제될 이유는 없다. 곤충 및 동물의 생리학적 연구와 행동학적 연구가 서로 단절된 것은 아니기 때문이다. 현재 노벨 생리의학상을 둘러싼 진짜 문제는 다른 데에 있다. 노벨 생리의학상 제정 당시에 생리학은 의학의 과학적 토대 중 하나로 여겨졌다. 생물학의 어떤 분과가 의학을 하기 위한 기본 과학인지를 묻는 것은 노벨 생리의학상 제정 당시와 달리 더 이상 큰 의미를 가질 수 없게 되었다.

노벨 생리의학상 ●

왜 '노벨 생물의학상'이 아닌 '노벨 생리의학상'이라는 용어가 굳어졌을까? 노벨 생리의학상 제정이 논의된 1900년 무렵에는 아직 유전학이 개별 분과로 정착하지 못했고, 유전학의 정착과 함께 현대적 모습을 갖추게 되는 분자생물학이나 진화생물학도 마찬가지였다. 당시 생물학은 크게 고생물학, 동식물학, 발생학, 생리학, 생화학, 세포조직학, 해부학 등으로 구성되어 있었다. 노벨 생리의학상에서 '생리학'은 '의학을 하기 위한 혹은 의학과 밀접한 생물학 분과들'을 대표했다. 실제 서양의 생물학 발달사는 의학의 역사와 밀접하게 맞물려 있고, 이러한 전통이 노벨 생리의학상이라는 용어에 배어 있다.

노벨 생리의학상이 제정될 무렵의 생물학 탐구방법은 크게 두 가지로 나뉜다. 하나는 화학적 탐구방법이고 하나는 생리학적 탐구방법이다. 이 두 가지 연구방법은 실제 연구에서 뒤섞이게 마련이지만 서로 구분되는 오랜 전통을 지니고 있다. 화학적 탐구방법은 유기체의 특정화합물을 분리하고 그것의 반응방식을 규명한다. 생리학적 탐구방법은 유기체의 부분에 직접 자극을 가할 때 나타나는 변화를 조사함으로써 그 부분의 기능을 규명한다.

생물학에서 화학적 탐구방법은 1900년 당시 생화학이라는 분과로 정착된 상황이었다. 의학과 연관된 생화학의 연구가 노벨 화학상을 받을 수 있는 만큼, 생리학적 탐구방법과 관련된 연구를 위해 노벨 생리의학상을 제정한 것은 당연해 보인다. 그러나 여전히 의문이 남는다. 의학과 밀접한 관련을 맺는 생물학 연구에 노벨상을 수여할 목적이라면, 당시 생물학을 대표한 또 다른 분과들인 발생학과 해부학 등은 어떻게 되는가? 이 물음에 답하기 위해서는 생리학의 발자취를 약간 알아볼 필요가 있다.

과거 ●

생리학이라는 개념은 원래는 사물의 기원과 본성을 탐구하는 것을
의미했다. 그러던 것이 16세기 중엽에 들어와 인체의 정상적인 구조
와 기능을 연구하는 분야를 뜻하는 용법이 생겨났다. 그러한 용법의
'Physiologia'는 프랑스의 의사이자 수학자인 장 페르넬의 책『일반
의술(Universa Medicina)』(1554)에 명백히 등장한다. 페르넬처럼 생
리학이라는 용어를 의학에 국한해야 한다는 입장은 요하네스 케플러
의『굴절광학(Dioptrice)』(1610)에도 나타난다. 하지만 17세기 중엽
에도 생리학이라는 용어는 여전히 광물의 성질 등과 연관되어 사용
되었다.

유기체의 형태와 기관의 구조를 다루는 해부학이 개별 분과로 자
리 잡고, 동물 및 식물 물질의 기본 단위로서 세포 개념이 정착했다.
세포 사이의 상호작용과 기관의 기능을 연관시켜 보려는 노력이 뒤
따랐다. 이러한 노력은 세포조직학의 기원이 되는데, 이 과정에서
유기체를 구성하는 부분들의 정상 기능, 기능들의 관계를 다루는 분
과로서의 '생리학'이라는 의미가 점차 학계에 퍼져나갔다. 기능 관
점에서 유기체를 접근하는 사고방식이 이렇게 확장되는 데에는 네덜
란드 라이덴 대학의 헤르만 부르하버의 기여를 빼놓을 수 없다. 18세
기 생리학사를 장식한 스위스의 알브레히트 할러, 스코틀랜드의 앤
드루 클레어와 윌리엄 쿨렌, 그리고 프랑스의 자연철학자 줄리앙 라
메트리 등이 부르하버의 영향을 받았다.

부르하버는 의학에 관한 일련의 강의를 책으로 출판했는데, 그 첫

부르하버

부분이 생리학에 관한 것이었다. 부르하버는 기관의 기능을 연구함으로써 질병의 원인 규명과 치료법이 발전할 수 있다고 믿었다. 부르하버의 생리학 강의록은 독일의 요한 에버하르트에 의해『헤르만 부르하버의 생리학(Herman Boerhaaves Phisiologia)』(1754)이라는 책으로 발간되었다. 이 책은 유기체의 기능을 다룬 최초의 생리학 교과서였다.

부르하버의 영향을 받은 18세기 생리학자들은 근육의 수축이나 이완 역시 세포들의 구성방식, 곧 구조만으로는 충분히 설명될 수 없다는 것을 잘 알고 있었다. 그들은 근육의 수축이나 이완 작용에 필요한 고유한 '생리적 힘'을 가정했다. 더욱이 유기체의 기능을 연구하는 과정에 나타나는 어려움은 각 부분들에 고유한 기능들의 합성이 보여주는 통합성이다. 심장 조직은 근육의 수축과 이완 작용을 통해 피를 순환시키는 펌프 기능을 하며, 위는 소화 기능을 담당한다. 이러한 각 부분들에 고유한 기능들은 단절된 것이 아니라, 서로 유기적으로 연결된 통합성을 보여준다. 그러한 통합성이 없다면, 유기체는 살아 활동하는 생명체가 될 수 없다. 유기체 각 부분에 고유한 기능을 담당하는 힘들 외에도, 힘들의 통합성을 담당하는 어떤 역할을 하는, '힘들의 힘' 혹은 '생기'와 같은 것이 가정되곤 했다.

19세기에 접어들어 알려진 힘들, 곧 전기력, 운동과 관련된 역학적 힘, 열, 빛과 같은 것에 국한해 유기체의 기능을 탐구하겠다는 실험 정신이 싹텄으며, 독일의 요하네스 뮐러와 카를 루드비히가 그러한 실험 정신 아래 실험생리학의 토대를 닦았다. 과학자들에게 알려진 힘들이란 '양화 가능한 것'들, 곧 '특정 조건 아래 일정하게 측정 가능한 것'들에 국한된다. 물질의 활동 및 운동에 영향을 미치는 전기, 자기, 열, 빛과 같은 것은 거리나 속도와 같은 것들보다 훨씬 양화하기가 어렵다. 19세기 과학 분과가 다양성을 확보할 수 있었던 것은 전기, 자기, 열, 빛과 관련된 현상을 양적으로 다룰 수 있는 측정 도구와 분석방법의 개발에 힘입은 바 크다.

뮐러나 루드비히의 실험 정신을 이어받은 생리학자들이 활동하던 당시 힘은 오늘날 여러 에너지 형태를 뜻한다. 물질의 활성으로서의 에너지가 전기, 운동, 열, 빛 등 여러 형태를 띠는 과정에 전체적으로 보존된다는 원리가 규명되기까지에는 물리학자들의 수고만 있었던 것이 아니다. 거기에는 생리학자, 의학자, 화학자, 물리학자들의 공동 작업이 배어 있다. 에너지 보존법칙이 19세기 중엽 이후 과학 공동체에 굳어지면서, 운동의 변화와 관련된 뉴턴적 힘과 에너지 개념 사이의 명확한 구분이 이뤄졌다. 기능들의 통합성을 설명하기 위해 도입된 별도의 추상적인 '생기'와 같은 개념은 생리학에서 양화 가능한 에너지 개념에 양도되었다.

유기체의 기능을 연구하려면, 각 부분에 특정 자극이나 작용을 가해서 그 기능에 장애를 일으켜야 했다. 생리학은 자연스럽게 병리학으로 연결되었고, 1900년 무렵 생리학은 해부학을 밀어내고 의학을 하기 위한 기본 분과로 정착했다. 수정란이 분화하여 개체로 발달하는 과정을 탐구하는 발생학은 생리학과 연구 목적을 달리하지만, 양자의 실험방법에는 공통되는 부분이 있었다. 수정란의 분화 과정을 연구하기 위해서는 분할된 각 세포를 다른 세포로 대체하거나, 특정 세포에 자극을 주어야 했다. 이러한 발생학의 실험방법은 비단 생리학뿐만 아니라 생리학 형성에 밑거름이 된 세포조직학에서도 사용되었다. 유기체의 특정 구성물질을 분리해 그 화합물의 성질을 규명하는 생화학적 탐구방법과 달리, 유기체의 부분에 직접 자극이나 작용을 가하는 탐구방법은 당시 발생학, 생리학, 세포조직학을 관통하고 있었다. 발생학이나 세포조직학에 비해 병리학과 좀더 직접적인 연관성을 가진 생리학은 의학자들에게 생화학적 탐구방법과 대비되어 생물학의 탐구방법을 대표했던 것이다.

현재 ●●●

1900년 무렵 생리학이 의학을 하기 위한 생물학 분과들을 대표했음을 염두에 둔다면, 노벨 생리의학상이 발생학자나 세포학자에게 수여되는 것은 큰 의문을 불러일으키지 않는다. 특정 질병 치료법을 개발한 생화학자가 노벨 화학상이 아닌 노벨 생리의학상을 받는 것도 마찬가지다. 그렇다면, 프리슈, 로렌츠, 틴버겐처럼 곤충 및 동물행동학으로 노벨 생리의학상을 받은 경우는 어떻게 평가되어야 할까? 물론 수상자 선정은 노벨재단의 권한이지만, 수상자 결정에는 그 시대 과학 공동체의 의견이 반영되기 마련이며, 이러한 공동체와 노벨 재단 사이에 갈등 양상이 있는 것도 사실이다. 그 갈등 양상은 변화하는 분과들의 관계, 특히 생물학과 의학의 관계를 둘러싼 입장 차이를 드러내기도 하는데, 먼저 곤충 및 동물의 행동학적 연구가 생리학적 연구와 단절된 것이 아님을 알 필요가 있다.

곤충 및 동물의 여러 호르몬 기능은 행동을 연구하는 과정에서 밝혀졌다. 실례로 아프리카 기근의 원인이 되는 메뚜기 떼에 관한 연구를 들 수 있다. 기근을 없애기 위해서는 먼저 메뚜기 떼가 형성되는 원인을 알아야 한다. 연구자는 메뚜기들의 특정 행동방식과 색 변화 등에서 단서를 얻는다. 연구가 심화되면서, 뒷다리 안쪽의 내분비선 기능이 메뚜기들의 떼 짓기와 중요한 연관이 있음이 밝혀졌다. 또 동물행동을 연구하는 과정에서 밝혀진 특정 화합물이 의약품으로 발전하기도 한다. 이러한 점에서 볼 때 프리슈, 로렌츠, 틴버겐의 연구도 생리학과 관련해 노벨상을 받을 수 있는 것이다. 다만, 이들의 연구는 생리학적 원인 규명까지는 도달하지 못했다. 실례로 꿀벌의 춤 패턴이 꿀과 화분의 위치를 알려주는 일종의 의사소통 행위라는 프리슈의 가설은 정말 끈기 있는 작업의 결과물이지만, 그 생리학적 원인은 규명되지 않았다. 프리슈의 가설은 아직까지도 잠정적인 상태에 머물러 있다. 그렇다면, 프리슈, 로렌츠, 틴버겐의 노벨 생리의학상 수상은 오히려 곤충 및 동물생태학을 하나의 분과로 정착시킨 그들의 공로에 대한 것으로 보는 것이다. 여기서 문제가 터진다. 노벨 생리학상의 전통적인 정신을 그대로 고수한다면, 그러한 공로에 상을

노벨

줄 근거가 성립하지 않기 때문이다.

　노벨 생리의학상 제정 당시에는 여전히 여러 생물학 분과들이 의대 학제에 소속되어 있었다는 사실을 잊지 말아야 한다. 생물학에서 특정 분과의 권위는 의학과의 관계 속에서 형성될 수밖에 없었고, 어떤 분과가 의학의 과학적 토대인지를 놓고 논쟁이 벌어졌다. 이는 19세기 초부터 꾸준히 이어져온 논쟁이었다. 하지만 의학과 생물학의 관계는 과거와 달라졌다. 생물학의 분과들은 훨씬 다양해졌으며, 더 이상 의대 학제에 종속되지 않는다. 또한 의학의 목적도 질병의 원인 규명 및 치료 차원을 벗어나 위생과 보건까지 아우르게 된 마당에, 병리학 위주로 의학과 생물학의 관계가 설정될 수는 없다.

　곤충 및 동물의 행동학적 연구에 대해 노벨 생리의학상을 줄 수 있게 된 배경에는 의학과 생물학의 관계에 대한 인식 변화가 깔려 있다. 생물학의 어떤 분과가 의학을 하기 위한 가장 기본 분과인가라는

생각의 기차 1

물음은 더 이상 큰 의미가 없다. 단지 연구의 구체적인 목적에 따라 중요한 분과들이 정해질 뿐이다. 종의 다양성 유지와 생태계 보존이 인류의 복지에서 배제될 수 없다면, 노벨상으로 장려되어야 할 생물학적 연구가 반드시 질병 치료에 국한될 필연적 이유도 없다. 그렇게 국한하는 것은 인류 복지에 기여한 업적에 노벨상을 수여하라는 노벨의 참뜻에 반하는 것일 수도 있다. 그렇다면 굳이 노벨재단이 노벨생리의학상이라는 명칭을 고수할 필요가 있을까? 노벨상이 갖는 사회적 권위를 생각할 때 어쩌면 그 명칭이 1900년 무렵과 달라진 의학과 생물학의 관계가 대중에게 전파되는 것을 가로막는 장벽일지도 모른다.

 더 생각해볼 것

1 ◆ 질병의 원초적인 진단법은 얼굴에 난 열꽃과 같은 증세를 살피는 것이다. 생리학이 의학의 기본 분과가 되어야 한다고 주장하는 이들은 이러한 원초적 진단법을 과학적인 것으로 여기지 않는다. 그 이유는 무엇일까? (열꽃과 같은 증세가 특정 질병의 원인이 될 수 있는지를 따져봐야 할 것이다.)

2 ◆ 의사의 경험에 근거하는 원초적 진단법은 지금도 유용하다. 하지만 현대적 임상에는 여러 과학적인 진단법이 개입한다. 그러한 진단법 중 생리학적 탐구방법과 생화학적 탐구방법에 해당하는 보기를 각각 들어보고, 그 이유를 설명해보자. (스스로 병원에 진찰을 받으러 갔다고 생각하고 의견을 서술해보자.)

3 ◆ 현재의 생물학과 의학의 관계를 고려해 노벨상 수상 분야를 재조정한다고 할

   때 여러분의 건의사항은 무엇인가?

 더 읽어볼 것

◆ Franklin, K.J. (1949), *A Short History of Physiology*, Staples.

생각의 기차 1

24

혈액형★★
— 과학의 사회적 권위

관련 글: 디프테리아 백신, 디프테리아 시크반응 검사, 면역학, 팔이식

외부에서 몸으로 들어온 독소를 중화하거나 제거하여 그 독소에 대한 저항력을 갖게 만드는 면역체계의 분자적 기저(molecular basis)는 무엇인가? 특정 조건 아래 특정 면역 과정을 발생시키는 물리화학적 요인들은 무엇인가? 이러한 질문을 탐구하는 여정에서 혈액형을 구분하는 다양한 방식이 밝혀졌다. 혈액형 구분방식의 다양성은 면역 체계의 복잡성을 드러내주는 거울과도 같다. 오스트리아 태생의 카를 란트슈타이너는 혈액형을 발견한 공로로 1930년 노벨 생리의학상을 받은 것으로 회자되지만, 사실 그가 진정으로 관심을 두었던 것은 개체들이 면역 과정에서 보여주는 차이, 곧 '개체적 특수성'이었다.

면역 과정의 화학반응에 관심을 가진 검시관 ●

신진대사를 비롯해 면역 과정에서 중요한 성분은 단백질과 같은 유기물이다. 유기화학 및 생화학이 발달하면서 특정 단백질은 특정 종

란트슈타이너(노벨재단)

(種)에 고유하다는 사실이 밝혀졌다. 다시 말해, 단백질의 구성방식과 기능은 '종 특수성'을 보여준다. 그렇다면 동일한 종에 속한 개체들은 단백질의 구성방식과 기능에서 전혀 차이가 없을까? 란트슈타이너가 이 문제에 관심을 갖게 된 지적 배경을 모른 채 혈액형 발견의 진정한 의미를 논하기는 쉽지 않다.

란트슈타이너의 첫 논문은 화학에 관한 것이었다. 그는 비엔나 대학에서 1891년 일반의학 과정을 마친 후 스위스, 독일의 유력한 화학자들 밑에서 일했다. 그중에는 1902년 노벨화학상을 받은 에밀 피셔도 있었는데, 란트슈타이너는 그와 공동으로 글리콜알데히드(glycolaldehyde)를 합성했다. 유기화학자들 및 생화학자들과의 교류는 란트슈타이너로 하여금 질병 및 면역 과정의 화학반응에 관심을 갖게 만들었다.

백신 개발에 의해 탄생한 혈청요법은 항독소의 생성 과정에 대한 과학자들의 관심을 증폭시켰다. 체내에 침투한 병원균이나 독소에

생각의 기차 1

국한된 항원 개념에 항체 생산을 자극하는 물질까지 포함되었다. 혈청요법은 특정 항원에 반응하는 항체를 가진 혈청을 만드는 기법과 관련이 있기 때문에, 혈청학은 면역학의 역사와 밀접한 관계를 맺는다. 란트슈타이너는 1896년 비엔나 대학 예방학 연구소에서 일하게 되면서 혈청 내 항체 생산 과정에 대해 더욱 관심을 갖는다. 1897년 비엔나 병리학 연구소로 직장을 옮긴 란트슈타이너는 검시 임무를 담당했다. 란트슈타이너가 혈액형을 발견한 것은 아무 상관도 없어 보이는 그곳에서였다.

란트슈타이너의 지적 배경은 화학과 의학이다. 그는 다양한 현상을 관통하는 화학반응만큼이나 개체들 사이에서 나타는 차이도 중요하게 보았다. 의사가 증후군으로 병을 진단하거나 사망 원인을 밝힐 때 개체들에게서 나타나는 차이를 무시하고 일반 분류법에만 의지할 수 없다. 아미노산 중합체인 단백질은 유기체를 구성할 뿐만 아니라 체내의 다양한 반응에 개입한다. 항체와 항원의 반응도 예외가 아니다. 특정 단백질이 특정 종에 고유하다면, 항원과 항체의 반응도 그럴 것이다. 그렇다면, 동일한 종에 속한 개체들은 단백질 구성방식과 기능에 아무런 차이가 없을까? 그래서 개체적 특수성은 항원과 항체의 반응에서 배제되는 것일까? 이러한 질문들은 란트슈타이너를 혈액형 발견으로 이끌었다. 그가 만약 면역 과정에서 나타나는 개체의 특수성에 관심을 갖지 않았더라면 아마도 ABO 혈액형 구분법에 그냥 만족했을지도 모른다.

ABO 혈액형 구분법 ● ●

영국의 병리학자 새뮤얼 섀턱은 1899년 천식환자에서 채취한 혈청이 다른 환자의 적혈구를 응고시킨다는 사실을 관찰했다. 그는 그 원인이 질병과 관련되었을 것이라 생각했다. 반면에 란트슈타이너는 적혈구와 혈청의 반응이 항원과 항체의 관계와 연관성이 있을 가능성을 배제하지 않았다. 항원이 반드시 병원균과 같을 이유는 없다고 본 것이다.

란트슈타이너는 1901년 적혈구 응고 현상이 항원과 항체 반응에서의 개인차를 보여줄지도 모른다는 기대감을 가지고 그 자신과 연구소 동료들인 야콥 에르드하임, 플레치니히, 오스카 스퇴르크, 아드리아노 스툴리의 피를 뽑았다. 그러고는 각 피에서 적혈구와 혈청을 분리한 다음 서로 섞어보았다. 각자 자신의 피에 대해서는 적혈구와 혈청의 응고반응이 나타나지 않았다. 그런데 플레치니히의 혈청은 스툴리의 적혈구에 대해서 응고반응을 나타냈고, 그리고 스툴리의 혈청은 플레치니히의 적혈구에 대해서 응고반응을 나타냈다. 항원과 항체의 관계에서 접근할 때 스툴리 적혈구의 항원에 대해 플레치니히 혈청의 항체가 공격하거나 반응을 했다고 봐야 한다. 역으로 플레치니히 적혈구의 항원에 대해 스툴리 혈청의 항체가 공격하거나 반응했다고 봐야 한다. 란트슈타이너는 각각의 항원을 A와 B로 명명했다. 적혈구 항원 A를 갖는 피의 혈청에는 안티-B(anti-B)의 항체가, 역으로 적혈구 항원 B를 갖는 피의 혈청에는 안티-A(anti-A)의 항체가 있다.

그러나 란트슈타이너 자신과 스퇴르크의 피는 A와 B 항원 모두를 결여한 채 안티-A와 안티-B 항체를 둘 다 가지고 있었다. 란트슈타이너는 이러한 종류의 피를 C로 명명했는데, 후에 O로 수정되었다. A형은 항원 A와 안티-B 항체를 갖는 개체군을, B형은 항원 B와 안티-A 항체를 갖는 개체군을, 그리고 O형은 A와 B 항원 모두를 결여했지만 안티-A와 안티-B 항체 둘 다 갖고 있는 개체군을 의미하게 되었다.

적혈구 항원의 정체는 무엇인가? 란트슈타이너는 1902년 당 성분의 물질과 항원 사이의 상관관계를 규명하는 데 성공했다. 오늘날의 관점에서 본다면, 항원 A와 B는 적혈구 세포막에 붙어 있는 당 성분의 화학적 구조물이다. 란트슈타이너의 실험에 참가했던 스툴리는 1902년 알프레드 폰 데카스텔로와 함께 155명을 대상으로 한 실험에서 또 다른 혈액형인 AB를 발견하게 된다. 이렇게 하여 A, B, O, AB로 구성된 ABO 혈액형 구분 체계가 완성된 것이다.

혈액형의 다양성과 개체적 특수성 ●●●

ABO 혈액형 구분 체계의 완성은 란트슈타이너에게 반가운 소식이었을까? 절반은 그렇고, 절반은 그렇지 않다고 말할 수 있다. 절반이 그러한 이유는 혈청면역 과정과 관련해 사람들이 동질화될 수 없다는 사실이 밝혀졌기 때문이다. 절반이 그렇지 않은 이유는 ABO의 혈액형 구분 체계로 면역 과정의 개체간 차이가 생각보다 크지 않다는 결론이 성립됐기 때문이다. 란트슈타이너는 그러한 결론을 수용할 수 없었다. 여러 동물을 실험해본 결과, 다른 동물들은 혈청면역 과정의 복잡성과 함께 개체간 차이를 드러내는데, 굳이 인간이라고 예외가 될 수는 없기 때문이다.

ABO 혈액형 구분 체계가 완성되자 일부 유전학자들은 혈액형을 마치 대립인자처럼 취급하려고 했다. 이에 대해 란트슈타이너는 조심스러운 입장을 펼쳤다. 20세기 초만 해도 유전 과정을 분자 차원에서 연구할 만한 여건은 충분치 않았다. 이러한 상황에서 서로 대조관계를 맺는 식별형질의 쌍, 실례로 두 피부색에 가상의 대립인자를 결부시키는 것은 자연스러워 보인다. 하지만 면역체계가 개체발생 과정 중에서 형성되는 만큼 유전적으로 결정되어 있다고 결론짓는 것은 성급한 판단일 수 있었다. 또 혈액의 응고 유무로 결정되는 ABO 혈액형 구분체계를 가지고 혈청 및 적혈구에서 발견되는 다양한 화학적 구조물들의 기능을 단순화할 수도 없었다.

란트슈타이너가 면역 체계의 형성 과정에서 유전적 제약을 무시했던 것은 결코 아니다. 다양한 구성물들의 반응관계를 다루는 화학 전통에 선 란트슈타이너는 항원들에 대립인자들을 일대일로 대응시키려는 시도에 이의를 제기했다. 염색체 덩어리인 유전자들의 기능이 서서히 밝혀지면서 발달한 현대 유전학은 란트슈타이너의 이의 제기가 정당했음을 보여준다. 란트슈타이너의 탐구 과정 자체가 그렇게 되는 과정의 역사적 증거이기도 하다.

특정 혈액형과 관련된 항원 형성에 개입하는 유전자들이 속속 밝혀졌다. 염색체상의 특정 덩어리인 유전자 A가 적혈구 항원 A에 대응한다고 할 때 유전자 A가 혈액형 A를 결정한다는 것은 올바른 해석이 아니다. 유전자 A 없이 항원 A가 형성될 가망성은 매우 적다고 해야 올바른 해석이 된다. 분자생물학이 발달하면서, 혈청면역 과정에 개입된 화학적 구조물들과 유전자들 사이에는 엄청난 복잡성이 존재한다는 사실이 밝혀졌다.

적혈구 세포막에 붙은 항원들의 수만 따져도 현재 혈액형 구분법은 20개가 넘는다. 그 20개도 사실은 연구 목적상 필요한 것들에 국한된 것들이다. 더욱이 ABO 혈액형 구분법처럼 특정 혈액형에 한두

가지 항원이나 항체가 나열되는 것도 아니다. 당장 Rh 혈액형만 하더라도 실제로는 혈액형군으로 밝혀졌고, 그 항원들의 수만도 45개에 이른다.

각각의 개체는 다른 개체와 구별되는 면역 체계를 갖고 있다고 해도 무방하다. 어떤 두 사람이 다양한 모든 혈액형 구분법에 걸쳐 동일한 혈액형을 가질 확률은 현실적으로 거의 없다. 혈액형 구분법의 다양성은 면역 반응의 기능적 다양성을 보여주기 때문에, 면역 체계의 개체적 특수성을 보여주기도 한다. ABO 혈액형 구분법은 인종 구분이나 유전 유형의 구분과 같은 것이 아니다. 그것의 실질적 의미는 수혈과 관련해 다양한 개체 사이에서 나타나는 양립 가능성(compatibility)에 국한된다.

ABO 혈액형 구분법은 수혈보다는 범죄학에 먼저 사용되었다. 란트슈타이너는 실험을 통해 2주 이내의 피가 항원 항체 반응을 통해 그 혈액형 구분이 가능함을 규명했다. 수혈과 관련된 ABO 혈액형이 실용적으로 사용된 것은 한 가지 난제를 극복한 후의 일이다. 수술시 수혈 과정 중에 피는 혈액형의 양립 가능성과 무관하게 빨리 응집되기 때문이다. 혈액형의 양립 가능성 테스트, 곧 항원에 대한 항체 반응 유무에 근거한 수혈 가능성 테스트를 통과한 기증자의 경우, 기증자의 동맥과 환자의 정맥을 직접 연결하는 방식이 시도되기도 했다. 미국의 외과의사 리처드 루이존은 시트르산염(citrate)의 응집 억제 효과를 규명했다. 수혈이 현대 의학에 뿌리를 내리면서, ABO 혈액형 테스트는 누구나 거쳐야 하는 것이 되었다.

다양한 혈액형 구분법 중에서도 ABO 혈액형 구분법은 우리 모두가 경험하는 것이기에 더욱 친숙하다. 그 바람에 란트슈타이너는

ABO 혈액형의 발견자로 회자되지만, 그의 광범위한 지적 배경만큼 이나 그의 연구 대상도 다양했다. 그러나 오스트리아 빈에서 미국으로 건너가 심장마비로 죽기 전날까지 실험에 몸 바쳤던 그의 평생 관심사는 그 무엇보다도 면역 과정에서 개체들이 보여주는 차이, 곧 개체적 특수성이었다.

과학의 사회적 권위 ●●●

삶의 방식이 다양한 만큼, 사회의 믿음들 역시 역동적으로 변화한다. 무엇을 믿는다는 것은 그 진위 여부와 무관하게 생존을 위한 전략처럼 기능하는 측면을 포함하고 있고, 믿음에 정당성을 부여하는 권위의 장치가 작동한다. 과거에는 종교가 그러한 권위의 장치로 작동했다면, 어느 순간부터 과학이 종교의 역할을 대신하게 되었다.

과학이 어떤 믿음에 권위를 실어주기 위한 장치로 작동할 때 서로 상충되는 두 양상이 나타날 수 있다. 그 하나는 과학의 사회적 권위가 상승한다는 것이다. 또 다른 하나는 사회적 권위의 상승과 함께 과학적 발견 내용이 왜곡되기 쉽다는 것이다. 혈액형을 가지고 인간 유형을 구분할 수 있다는 믿음은 이러한 서로 상충된 두 양상을 잘 보여준다. 사람들은 발견된 혈액형을 토대로 그 믿음을 정당화하지만, 이에 의해 혈액형 발견의 진정한 의미는 묻히게 된다.

과학적 발견과 관련되어 회자되는 많은 믿음들은 대중적 오해에 지나지 않는 경우가 많다. 이러한 현실을 우리는 어떻게 평가해야 할까? 과학교육을 강화하고 과학적 지식을 제대로 알려 대중을 계몽해야 할까? 그런데 이렇게 계몽을 강조하는 것 역시 결국은 모든 사회적 평가가 과학에 근거해야 한다는 과학 만능주의에 불과한 것은 아닐까? 아니면 진짜 문제는 과학을 둘러싼 대중적 오해가 아니라 다른 곳에 있는 것일까? 혹시 과학의 사회적 권위는 표면적으로만 부풀려졌지 사회 속에서 기능하는 실제 과학의 현실과 동떨어진 것은 아닐까? 다양한 혈액형의 존재를 밝히는 데 기여한 란트슈타이너는 정작 이러한 질문들에 큰 관심을 가질 수 없었다. 그가 무관심해서가 아니라, 그 질문들은 그의 시대가 아닌 현재 우리에게 드러난 것이기 때문이다.

 더 생각해볼 것

1 ◆ 다음은 1901년 란트슈타이너의 논문에 등장하는 도표를 모방한 것이다. '+' 는 적혈구와 혈청 사이에 응고반응이 있었음을, '－' 는 그러한 응고반응이 없었음을 나타낸다. (1)과 (2)에는 적혈구와 혈청 중 각각 무엇이 들어가야 하는가? 도표에서 대각선 상에 있는 것이 전부 '－' 로 표기된 이유는 무엇인가? 란트슈타이너의 혈액형은 무엇인가?

(1) ＼ (2)	Dr. St.	Dr. Pletsch.	Dr. Sturl.	Dr. Erdh.	Zar.	Landst
Dr. St.	－	+	+	+	+	－
Dr. Pletsch.	－	－	+	+	－	－
Dr. Sturl.	－	+	－	－	+	－
Dr. Erdh.	－	+	－	－	+	－
Zar.	－	－	+	+	－	－
Landst	－	+	+	+	+	－

2 ◆ 혈액형을 둘러싼 대중적 오해로는 어떤 것들을 들 수 있을까? 과학의 대중화를 통해 그러한 오해를 줄여야만 한다는 제도권의 입장에 대해 어떻게 생각하는가?

 더 읽어볼 것

◆ Heidelberger, M. (1969), "Karl Landsteiner: Biographical Memoirs", National Academy of Science USA, Vol. XL.

◆ Landsteiner, K. (1931), "Individual Differences in Human Blood", Science 73.

면역학★★

— 이론을 확장시켜 주는 기술

관련 글: 디프테리아 백신, 팔이식, 혈액형

현대 면역학의 시발점으로 여겨지는 클론선택이론은 1950년대 스위스의 닐스 예르네, 호주의 프랭크 버넷, 미국의 데이비드 톨미지가 그 기초를 마련했다. 클론선택이론의 신빙성을 강화시켜주는 실험들이 뒤따랐다. 하지만 클론선택이론이 질병 치료 연구의 중심부에 정착하기 위해서는 특별한 기술들을 개발해야만 했다. 그 실례로서 두 종류의 세포를 융합시켜 잡종세포, 곧 하이브리도마(hybridoma)를 만드는 기술을 들 수 있다. 아르헨티나의 세자르 밀스타인과 독일의 게오르규 쾰러는 특정 항원에만 반응하는 항체를 지닌 쥐 세포와 인간 종양세포를 합성한 하이브리도마를 만드는 데 성공했다. 하이브리도마 기술은 특정 항체만 분리해 대량생산할 수 있는 길을 열었다. 하이브리도마 기술의 발달과 함께 클론선택이론은 질병 치료 연구의 중심부로 들어갈 수 있었고, 예르네는 1984년 밀스타인, 쾰러와 함께 노벨 생리의학상을 받았다.

상이한 두 관점에서 출발한 면역학 ●

러시아의 메치니코프와 독일의 에를리히는 1908년 면역 과정 연구로 노벨 생리의학상을 공동 수상했다. 그러나 질병의 원인이 될 수 있는 것으로부터 유기체를 보호하는 면역 과정에 대한 그 둘의 관점은 판이하게 달랐다. 메치니코프는 동물세포학에 근거해 식균(phagocytosis) 작용이 면역의 주된 과정이라고 여겼다. 그는 불가사리 유충의 소화 작용을 연구하던 중 식세포(phagocytes)를 발견했다. 세균과 같은 이물질이 피부조직을 뚫고 들어오면 식세포가 둘러싸고 분해한다. 용어 'phagocytes'는 그리스어로 '집어삼킨다'는 뜻을 갖고 있다.

메치니코프처럼 식균 작용을 면역의 주된 과정으로 봤던 이들은 '세포론자(cellularist)'로 불렸다. 에를리히는 세포론자들과 달리 생화학의 관점에서 면역 과정을 접근했다. 질병을 일으킬 수 있는 물질, 곧 항원이 체내에 들어오면, 항원에 반응하는 화학적 수용체, 곧 항체가 혈청과 같은 체액 속에서 형성된다는 것이다. 에를리히는 혈액 생성과 관련된 조혈조직에서 다양한 항체들이 만들어진다고 추정했다. 그도 그럴 것이 백신 개발과 함께 여러 항체들이 혈청에서 발견되었기 때문이다. 에를리히처럼 혈액 속의 항체 생성을 면역의 주된 과정으로 봤던 이들은 '체액론자'라고 한다.

식균 작용은 거의 모든 다세포 생물 종에서 발견되는 원초적인 면역 과정이다. 하지만 20세기 초 세포론자들의 관점은 인간 질병의 원인을 규명하고 치료하는 병리학에서 주목을 받지 못했다. 반면, 생화학에 기반을 둔 체액론자의 관점은 백신 개발과 함께 탄생한 혈청 요법의 덕으로 병리학의 중심축이 될 수 있었다.

클론선택 이론의 탄생 ●●

체액론자들의 관점은 1942년까지 면역학의 중심축으로 작동했다. 그러나 항체만으로 면역 과정을 설명하기 힘들다는 일련의 실험적 결과들이 나오기 시작했다. 혈액형의 발견자로 잘 알려진 란트슈타이너와 체이스는 1942년 결핵에 면역성을 지닌 기니피그의 세포를 그렇지 않은 기니피그에 이식했을 때 후자의 기니피그도 결핵에 대한 항체를 갖게 된다는 사실을 규명했다. 그러나 결핵에 면역성을 지닌 기니피그의 혈청만으로는 그런 현상이 일어나지 않았다. 란트슈타이너와 체이스의 실험은 기존의 혈청요법과 체액론자들의 관점에 결정적 한계를 가한 것으로 평가된다. 체액론자들의 관점이 득세한 시기가 1900년에서 1942년까지로 규정된 것도 이런 이유 때문이다.

체액론자들은 항원이 혈청과 같은 체액 내의 화학적 구조물들과 반응하는 가운데 항체가 형성된다고 여겼다. 이러한 '항체 유도 이론'은 사실 빠른 시간 내에 엄청난 양의 항체들이 생성되는 이유를 잘 설명해주지 못한다. 더욱이 많은 항원들의 종류를 고려할 때 항체들의 다양성도 항체 유도 이론에 근거해 잘 설명될 수 없었다. 란트슈타이너와 체이스의 실험 이후, 면역 과정에서 세포의 역할은 다시 주목의 대상이 될 수밖에 없었다. 클론선택 이론은 항체의 빠른 생성과 다양성을 설명하기 위해 고안된 것이다.

클론선택 이론은 예르네, 버넷, 톨미지 등이 1950년대 그 기초를 닦았고, 골수와 림프조직에서 생성된 면역세포, 곧 림프구(lymphocytes)가 면역 반응 생성에 결정적이라는 사실은 1959년 제임스 고언스가 실험적으로 밝힌다. 클론선택이론은 현대 면역학의 시발점으로 평가받았고, 그 이후 면역학은 분자 차원에서 유전학적

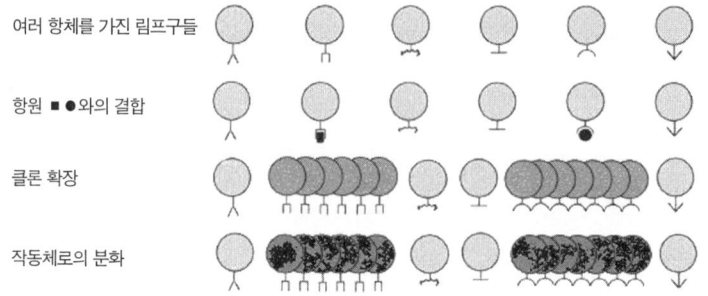

여러 항체를 가진 림프구들

항원 ■●와의 결합

클론 확장

작동체로의 분화

클론선택이론의 기본 도식

연구와 결합하여 현재의 모습을 갖추게 된 것이다.

체액론자들의 관점에 의하면, 항원과 결합하는 항체는 혈청과 같은 체액 속에서 만들어진다. 이 점은 클론선택이론에서 부정된다. 특정 항원에 선택적으로 반응하는 항체들을 가진 림프구들이 미리 준비되어 있다는 것이다. 그 결과, 체내에 들어온 특정 항원은 특정 림프구들의 항체와 결합하게 된다. 특정 항원과 결합한 림프구들은 동종의 림프구들을 증식시키는 자극제 역할을 하는데, 이 과정을 '클론 확장'이라고 한다. 증식된 림프구들은 다시 혈청 내에 항체를 만드는 특정 형질세포, 곧 작동체들로 분화한다. 일명 'T세포'는 이러한 클론 확장 및 분화 과정을 조율하는 여러 기능을 갖고 있으며, T세포의 일부는 식세포의 식균 작용에서 항원에 대한 정보를 얻는다.

하이브리도마 기술의 탄생 ●●●

림프구, 일명 B세포는 특정 항원에 선택적으로 작용하는 하나의 항체만을 갖는다. 항원의 수가 많은 만큼, 항체를 생산하는 림프구의

200

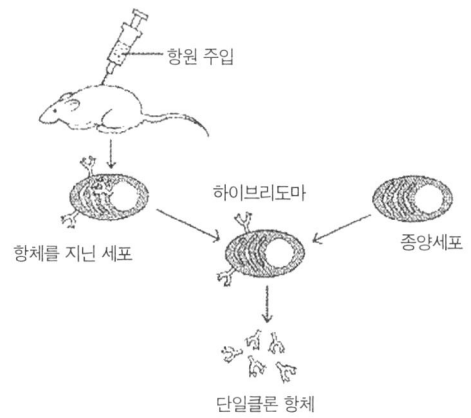

하이브리도마 합성 도식

종류 또한 1백만 개에 이른다. 클론선택이론이 질병 치료 연구의 중심부에 정착하려면, 특정 항체만을 분리해 대량생산할 수 있는 길이 열려야 한다. 일반적으로 여러 종류의 항원들이 뒤섞여 인간과 동물 체내로 들어오기 때문에, 항체들 역시 여러 종류가 뒤섞이게 된다. 게다가 림프구에 의한 항체 생산 과정은 일시적이다. 이 점은 클론선택 이론이 질병 치료 연구에 적용되기 위해 극복되어야 할 난제이다.

밀스타인은 림프구의 항체 생성 과정을 연구하던 중 림프종에서 추출한 특정 종양세포의 특이성을 발견했다. 림프종의 종양세포는 빠르게 증식할뿐더러 시험관에서 배양하기도 쉬웠다. 그만큼 종양세포와 반응하는 여러 종류의 항체들이 대량으로 생산된다. 그러나 그 항체들 중 특정 항원에만 선택적으로 반응하는 것들을 분리하고 제어하기가 어려웠다. 밀스타인은 이 문제를 해결하기 위해 쾰러와 작업을 하게 된다.

실험 설계를 맡은 쾰러의 발상은 '세포 융합(cell fusion)'이었다. 특정 항원을 쥐에 주입한 후 그 항원에 선택적으로 반응하는 항체를 지닌 세포를 인간 종양세포와 합성시킨다는 것이었다. 이러한 이종간 세포 융합에 의해 얻어진 잡종세포, 곧 하이브리도마는 종양세포의 특이성을 이어받아 시험관 내에서 빠르게 증식할 것이고, 하이브리도마로부터 특정 항원에 대한 단일 항체, 곧 '단일 클론 항체'를 얻을 수 있다. 밀스타인과 쾰러는 공동 작업을 통해 그러한 하이브리도마를 얻는 데 성공했다.

밀스타인과 쾰러가 최초의 하이브리도마를 만든 이후, 하이브리도마는 이종간 세포 융합을 통해 특정 단일 클론 항체들을 얻는 기술을 지칭할 정도로 발전했다. 하이브리도마 기술로 특정 항원에 선택적으로 반응하는 항체만을 분리해 대량생산할 수 있는 길이 열렸고, 면역학의 클론선택 이론은 질병 치료 연구에서 간과될 수 없는 이론이 되었다.

이론을 확장시켜주는 기술 ●●●

예르네는 1984년 밀스타인, 쾰러와 함께 노벨 생리의학상을 받았다. 예르네가 클론선택이론의 기초를 닦았다고 할 때, 여기서 이론은 첫 원리들과 그 원리들에서 도출되는 예측 결과들로 구성된 체계가 아니다. 그것은 실험 행위에서 과학자들이 공유할 수 있는 '구조화된 지식 체계' 혹은 '지식, 방법, 노하우들의 꾸러미'와 같은 것이다.

클론선택이론과 하이브리도마 기술의 관계는 어떻게 되는가? 하이브리도마 기술은 클론선택이론에서 직접 도출되지 않는다. 클론선택이론은 그러한 기술의 가능성만을 암시할 뿐이다. 더욱이 하이브리도마 실험 설계의 목적은 클론선택이론을 검증하는 것이 아니었다. 그 목적은 클론선택이론을 질병 치료에 적용하려고 할 때 나타난

난제를 극복하려는 데 있었다. 하이브리도마 기술은 그러한 적용에 필요한 '자원 확보'의 성격을 갖는다. 하이브리도마 기술에 의해 클론선택이론은 개선될 수 있었고, 질병 치료 연구의 중심부로 들어가게 되었다.

왜 클론선택이론의 기초를 닦은 3인방 중 버넷과 톨미지는 1984년 노벨상을 받지 못했을까? 버넷은 클론선택이론이 아닌 면역관용(immune tolerance) 연구로 1960년 영국의 피터 메더워와 함께 노벨 생리의학상을 이미 받았다. 노벨재단은 상의 권위를 높인다는 명목 아래 공동 수상자의 수를 세 명으로 제한했다. 이러한 제한 조건으로 클론선택이론에 관해 제일 먼저 논문을 발표한 예르네에게만 노벨상이 주어졌다. 20세기 초와 달리 공동 연구가 더욱 활발해진 현재, 노벨상 공동 수상자 수를 세 명으로 제한하는 조건이 과연 합당할까? 이는 노벨상의 대중적 권위에도 불구하고 매년 과학자 공동체가 반복적으로 제기하는 문제 중 하나다. 톨미지가 노벨상에서 배제된 사실은 적어도 면역학계에서는 부당한 일로 받아들여진다.

 더 생각해볼 것

1 ◆ 서로 다른 두 관점을 가진 연구자들은 동일한 현상을 다르게 해석한다는 주장이 있다. 면역 과정에 대한 메치니코프와 에를리히 사이의 시각 차이는 그러한 주장에 해당하지 않는다. 그 이유를 설명해보자.

2 ◆ 하이브리도마를 만드는 기술은 체액론자들의 관점만 수용하는 경우 불가능한

것이다. 그 이유는 무엇일까? (항체 생성 과정에 대한 체액론자들의 관점에 주목하자.)

3 ◆ 연구를 진행하기 위한 자원 확보가 중요해지는 경우, 과학자는 공학자의 역할을 하기도 한다. 반대로 공학자가 원인 규명에 대한 과학자의 역할을 하기도 한다. 쾰러의 공학자 역할에 대해 설명해보자.

4 ◆ 노벨상 공동 수상자 수를 세 명으로 제한하는 것에 대해 어떻게 생각하는가?

5 ◆ 밀스타인과 쾰러는 하이브리도마 기술에 대한 특허권을 획득하기 위해 영국 정부와 접촉했다. 영국 정부가 반응을 보이지 않자, 밀스타인과 쾰러는 1975년 하이브리도마 기술을 《네이처》에 발표해버렸다. 만약 영국 정부가 하이브리도마 기술의 특허권을 재빨리 보장했다면, 어떻게 되었을까?

 더 읽어볼 것

- ◆ Jeremy, C. & Sattur, O. (1984), "The Nobel Prize for Invention of Monoclonals", New Scientist 104.
- ◆ Silverstein, A.M. (1989), *A History of Immunology*, Academic Press.

26

팔이식*

— 생명 유지와 만족할 만한 삶

관련 글: 디프테리아 백신, 면역학, 청백증아 수술, 혈액형

전통적인 외과술 및 장기이식 수술의 목적은 위험에 빠진 생명을 구제하고 유지하는 것이었다. 특정 의료기술의 허용 여부와 관련된 위험성 분석이 생명 유지의 목적에만 근거한다면, 팔이식 수술은 허용될 수 없다. 팔이식 수술의 목적은 생명 유지라는 관점에 부합하지 않기 때문이다. 좀더 나은 삶을 위해 생명에 위협적인 요인을 감수하겠다는 개인의 결정이 현재 의료기술 범위 내에서 허용될 수 있는지가 담론의 주제로 떠올랐다.

기관 및 조직이식 수술의 어려움 ●

당신이 잠든 동안 외계인이 당신의 몸 세포들을 다른 사람의 세포들로 대체했다고 하자. 그리고 그 다른 사람의 세포들은 당신의 세포들로 대체되었다고 하자. 다음 날 당신과 그에게는 어떤 일이 일어날까? 당신의 면역 체계는 새로 대체된 세포들을 공격할 것이다. 그의 면역 체계 역시 당신의 세포들을 받아들이지 않을 것이다. 이에 대한 이유를 따지기 위해 세밀한 면역학의 지식이 동원될 필요는 없다. 세포와 세포 사이의 관계가 세포의 각종 화학적 미세 구조물들에 의존한다면, 그리고 그러한 의존방식에 대한 고유한 인식장치가 각 사람마다 갖춰져 있다면, 어떻게 될까? 당신의 세포와 대체된 새로운 세포가 원래 '자기 것'이 아닌 것으로 인식되어 면역 체계의 공격 대상이 되는 경우, 세포들의 정상적인 관계는 더 이상 유지될 수 없다.

어떤 기관 및 조직이 타인의 것으로 대체될 때 면역 거부반응이 일어난다. 면역 거부반응은 기관 및 조직이식 수술이 극복해야 할 난제 중 하나다. 기관 및 조직이식 수술에서 나타나는 면역기능 이상을 정상으로 되돌리는 완전한 방법은 아직 없다. 현재 의료기술의 수준은 피수술자의 면역기능을 억제해 면역 거부반응을 약화시키는 것이다. 이 경우, 약화된 면역기능으로 인한 신체의 저항력 감소 외에도 암 발생 가능성이 높아진다. 따라서 기관 및 장기의 성공적인 이식은 수술로만 결정되는 것이 아니라, 수술 후 관찰과 적절한 처방을 필요로 한다.

팔이식 수술 ●●

신장이식 수술이 1954년 시행된 이후, 의사들은 여러 장기이식 수술에 도전했다. 그중에서도 1967년 남아프리카공화국 크리스티안 바너드 수술팀의 심장이식 수술은 큰 논란을 불러일으켰다. 이식 수술 자체는 성공적이었지만, 피수술자는 면역 거부반응으로 수술 후 18일을 넘기지 못했다. 그 후 3년 동안 미국에서만 약 170명이 심장이식 수술을 받았는데, 그 결과는 좋지 못했다. 대부분이 면역 거부반응에 의한 각종 부작용으로 사망했다.

면역억제제가 개발되면서 심장을 비롯한 여러 장기이식 수술은 새로운 국면을 맞는다. 초기 면역억제제로 1969년 프랑스의 장 프랑수아 보렐이 발견한 시클로스포린(cyclosporine)을 들 수 있다. 시클로스포린은 면역세포뿐만 아니라 이식된 조직을 공격하는 T세포도 함께 죽여 피수술자의 면역기능을 약화시킨다. 1980년대 접어들어 면역억제제의 부작용을 어느 정도 제어할 수 있게 되자, 심장이식 수술의 시행 빈도가 다시 증가했다.

장기는 일반적으로 조직들로 구성되며, 각 조직은 동일한 세포군으로 형성되어 있다. 장기는 하나 또는 몇 개의 주 기능을 갖는 반면, 팔의 기능은 훨씬 복합적이다. 그만큼 팔은 장기보다 더 많은 종류의 조직, 뼈와 힘줄, 연골, 지방, 혈관 및 신경 다발들로 구성되어 있다. 팔이식 수술은 장기이식 수술보다 복잡하며, 팔의 구조적 복잡성 때문에 면역 거부반응 정도도 장기이식의 경우보다 더 강하게 나타날 수 있다.

여러 면역억제제가 개발되면서 면역기능 약화에 따른 부작용을 제어할 수 있는 기술도 개선되었다. 1998년 프랑스의 장 미셸 두베르나는 뉴질랜드인 할람을 대상으로 13시간에 걸친 팔이식 수술에 성공했다. 하지만 할람은 수술 후 면역억제제 치료에 적극적으로 응하지 않았다. 결국 무감각하게 된 그의 새로운 팔은 면역 거부반응으로 다시 절단될 수밖에 없었다.

만족할 만한 최초의 팔이식 수술은 1999년 미국에서 행해졌다. 수부외과의 워런 브라이덴바흐를 중심으로 면역학 전문가들, 미세 외과의들이 모여 팔이식 수술팀을 구성했다. 수술 팀은 1998년 켄터키 주정부로부터 팔이식 수술 허가를 받았다. 의료기술의 한계로 팔꿈치 이하 부분이 절단된 건강한 피수술자가 선정되어야 했다. 피수술

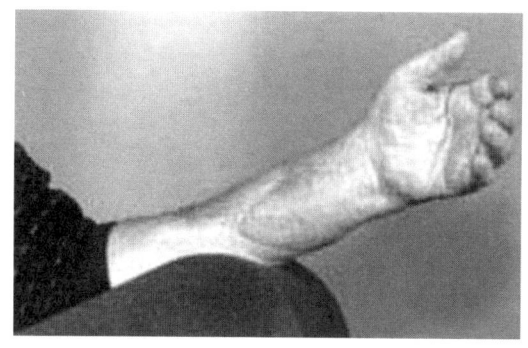

스콧의 새로운 팔

자로 선정된 스콧은 심한 화상으로 팔꿈치 이하 3분의 1을 잃은 사람이었다. 수술팀은 실험적인 팔이식 수술의 위험성과 수술 후 나타날 수 있는 부작용을 스콧에게 충분히 설명해주었고, 스콧은 수술에 응하기로 했다. 더 이상 회복이 불가능하다고 진단된 뇌사 환자 가족의 동의를 얻어 기증될 팔이 선별되었다. 최소한의 선별 기준은 스콧의 혈액형과 기증자의 혈액형 사이의 양립 가능성, 그리고 팔의 크기였다.

브라이덴바흐 수술팀은 1999년 1월 24일에서 25일 약 15시간에 걸쳐 스콧의 팔이식 수술을 성공적으로 마쳤다. 스콧은 새로운 팔을 통해 감각을 느낄 수 있었다. 그는 수술 후 꾸준한 면역억제제 치료를 받았다. 또 치료의 부작용에 대한 감시 및 물리치료를 거쳐 지금은 새로운 팔로 글씨를 쓰고, 신발끈을 묶을 수 있게 되었다. 스콧은 1999년 4월 메이저리그 필라델피아 야구팀 경기 때 시구를 하기도 했다. 그의 면역 체계가 새로운 팔을 공격하지 못하게 하는 면역억제제의 투여 비율도 점차 줄어들었다. 그러나 현재의 의료기술 수준에 비추어 면역억제제 치료와 그 잠재적 부작용에 대한 감시는 아마도

생각의 기차 1

그의 평생 동안 이어질 것이다.

생명과 삶 ●●○○

위험성 분석에 근거한 특정 의료기술에 대한 평가는 그 기술을 적용했을 때 기대되는 잠재적 이득과 위험을 비교해서 이뤄진다. 물론 그 잠재적 이득과 위험이 환자 개인에 국한된 경우와 그렇지 않은 경우가 반드시 일치하는 것은 아니다. 이러한 문제에 대해 어느 정도 합의가 이뤄지면, 해당 의료기술을 적용하기 위한 절차가 마련된다. 기관 및 조직이식 수술의 경우, 그러한 절차로서 피수술자의 선정 기준, 피수술자의 동의 기준, 기증자의 선별 기준, 죽음에 대한 법적 기준, 수술 후 관리 기준 등이 마련된다.

심장이식이나 팔이식 수술이나 유사한 절차에 근거하고 있다. 그렇다면, 수술의 복잡성 외에 팔이식 수술이 여느 장기이식 수술과 다른 점은 무엇인가? 이 질문에 답하는 한 가지 방식은 이식 수술의 목적에 따라 위험성 분석의 목적도 달라진다는 사실에 주목할 때 얻어진다.

19세기 중엽 이후, 마취와 소독법이 발달하면서 함께 형성된 현대적 외과술의 전통적인 목적은 생명을 구제하고 유지하는 것이었다. 생명에 위협적인 조직을 제거하거나 부위를 절단하는 외과술뿐만 아니라 장기이식 수술의 목적도 마찬가지였다. 심장이식 수술을 받아야 할 환자가 그 수술을 받지 못하면, 죽을 수밖에 없다. 장기이식 수술의 목적인 생명 유지가 잠재적 이득과 위험을 따지는 위험성 분석의 목적이 되는 경우, 팔이식 수술은 허용 가능할까? 불가능하다. 팔꿈치 이하가 없거나 그곳에 장애가 있다고 해서 생명이 위협받는 것은 아니기 때문이다.

팔이식 수술의 허용 가능성이 논쟁될 수 있는 조건은 무엇인가? 그러한 조건은 생명 유지 관점에만 국한되지 않는다. '생명 유지의 조건'과 '만족할 만한 삶의 조건'은 서로 일치하지 않는다. 그 어떤 위험성도 감수하지 않는 삶은 누구에게도 만족스러운 결과를 가져다 주지 않는다. 생명 유지만이 삶의 목적이라면, 어떤 의미에서는 식물인간이 되어야 한다. 만족할 만한 삶을 지향하면서 동시에 그 어떤 위험도 감수하지 않겠다는 태도는 실제로는 삶을 포기한다는 의미일 수도 있다.

외과술의 발달과 함께 이식 수술의 목적도 더 이상 생명 유지의 관점 속에서만 이해될 수 없게 되었다. 여기서 난제가 발생한다. 생명 혹은 살아 있음에 대한 생물학적·의학적 조건에 비해 만족할 만한 삶의 조건에 대해서는 실질적인 합의가 이루어지기 어렵다는 것이다. 물론 팔이 절단된 이는 누구나 감각을 가진 새로운 팔을 원하겠지만, 수술 후 면역억제 치료에 따른 위험성을 얼마만큼 감수할지에 대해서는 의견이 다를 것이다. 좀더 나은 삶을 위해 위험을 감수하는 정도에서 나타나는 의견 차이는 획일화될 수 없다. 그렇다고 의료정책이 무조건 개인의 선택에 의해 이끌릴 수는 없다. 좀더 나은 삶을 위해 생명에 위협적인 요인마저 감수하겠다는 개인의 결정이 현재 의료기술 수준에 비추어 허용 가능한지가 담론의 주제로 떠오르게 되었다.

더 생각해볼 것

1 ◆ 신체의 특정 부위를 절단하는 수술을 한 후, 어떤 환자가 의사를 원망했다고
   하자. 이와 관련한 하나의 상황을 설계해보고, 나름대로 그 이유를 따져보면
   어떨까?

2 ◆ 성형 수술은 생명에 대한 생물학적·의학적 조건과 만족할 만한 삶에 대한 조
   건이 일치하지 않는다는 사실을 잘 보여주는데, 그 이유를 짚어보자.

3 ◆ 이식의 목적이 생명 유지 관점에만 국한될 때 성형 수술과 팔이식 수술 모두
   허용될 수 없다. 그 이유는 무엇인가? '만족할 만한 삶'이라는 주제와 관련해
   성형 수술과 팔이식 수술 사이에는 어떠한 차이가 있는가?

4 ◆ 생명에 대한 조건들과 여러분이 추구하는 만족할 만한 삶의 조건들을 나열해
   보자. 전자에 비해 후자의 조건들에 대한 합의가 이루어지기 어려운 이유는 무
   엇이라고 생각하는가? 여러분이 만약 불의의 사고로 팔이 절단된다면, 여러분
   은 팔이식 수술을 받겠는가? 받을지 말지 여부를 만족할 만한 삶에 대한 자신
   의 생각에 비추어 설명해보자.

더 읽어볼 것

◆ Altman, L.K. (2001), "A Short Speckled History of a
   Transplanted Hand", The New York Times, February 27.

◆ Hand Transplantation: Getting a Grip on Non-Vital Organ Replacement (http://biomed.brown.edu/Courses/BI108/ BI108_2003_Groups/Hand_Transplantation/default.html)

27

발견의 연결 지도 1~5

생물학과 의학의 발전 과정은 그 어떤 분야들보다 서로 밀접하게 맞물려 있다. 의학 학제에 생물학의 여러 분과들이 소속되어 있던 시절, 병리학의 과학적 토대가 된 생리학은 19세기 중엽 이후 의학의 과학화를 위한 기본 분과로 정착한다. 의학이 증세와 효능의 상관관계를 다루는 경험적 학문의 지위를 벗어나 과학적 면모를 갖추게 된 데는 생리학이 큰 기여를 했다. 생리학은 단순히 눈에 보이는 증세가 아니라 그 배후에 있는 원인을 다루기 때문이다.

특정 결과에 대한 특정 원인을 규명하는 작업이 의학에 본격적으로 흡수된 과정을 '의학의 과학화'라고 한다. 의학의 과학화에 기여한 생물학의 두 분과로는 생리학과 생화학을 들 수 있다. 생화학은 화학 전통에 기댄 만큼 의대 학제에 일방적으로 종속되어 있지 않았다. 그 결과, 생리학이 의학 학제에서 생물학을 대표하던 시절에 '노벨 생리의학상'이라는 용어가 탄생한 것이다.

생리학과 생화학은 발달 역사의 경로뿐만 아니라 연구방법론에서

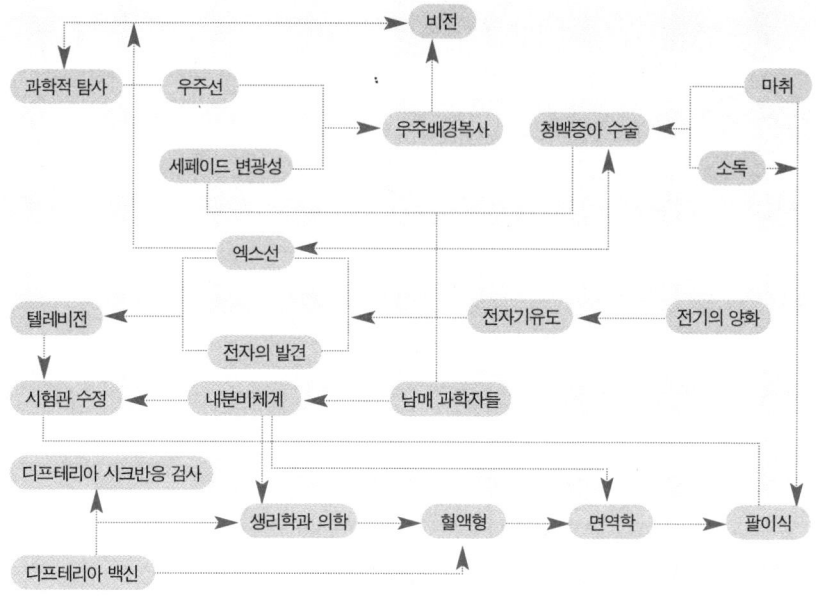

연결 지도 1~5

도 차이를 보인다. 생리학은 특정 세포를 자극하거나, 다른 세포로 대체하거나, 혹은 생체를 해부해 기관의 기능에 직접적인 변화를 주는 실험방법론에, 그리고 생화학은 특정 물질을 분리해 그 화학적 성질과 다른 것과의 반응성을 규명하는 실험방법론에 의존하고 있었다. 내분비체계를 규명하는 과정에서 초기 단계는 전통적인 생리학의 실험방법론에 의존했다. 반면에 디프테리아 백신 개발 과정은 전통적인 생화학의 실험방법론에 의존했다. 디프테리아 백신의 개발과 함께 항체 생성 유무를 사전에 진단하는 디프테리아 시크반응 검사가 가능해졌다. 이러한 생리학과 생화학의 발전 과정은 의학과 생물학의 관계에도 영향을 미친다.

사실 노벨 생리의학상이라는 용어는 19세기의 산물이다. 현재 의대 내에는 여러 생물학 분과들이 설치되어 있지만, 대부분은 개별 분과들로 독립한 상태다. 게다가 생리학이 의학을 하기 위한 기본 분과로 대표되던 시절도 지났다. 의학과 연계된 현대 생물학의 연구 공간은 과거 그 어느 때보다 생리학과 생화학의 실험방법론이 서로 뒤섞인 양상을 띠고 있다. 면역학의 발달 과정은 이를 잘 보여준다.

베링과 기타사토의 디프테리아 백신 개발은 외부 독소에 저항하는 유기체의 면역 과정에 대한 관심을 불러일으켰다. 면역학의 초기 개척자인 에를리히를 비롯한 체액론자들은 그러한 '저항'을 항원과 항체의 화학반응으로 이해했다. ABO 혈액형을 발견한 란트슈타이너 역시 혈청 내 항체의 화학적 성질을 규명하려는 동기를 갖고 있었다.

그러나 란트슈타이너는 면역 과정에 대한 체액론자들의 관점에 한계를 가하게 된다. 체액론자들에 따르면, 항체는 혈청 내 화합물이 항원에 반응하는 과정에서 형성된다. 이러한 관점은 외부에서 들어온 항원에 대한 항체의 순간적인 발생, 그리고 엄청난 종류의 항원에 반응하는 항체들의 다양성을 잘 설명하지 못한다. 란트슈타이너는 면역 과정에서 나타나는 개체들의 차이에 관심을 갖고 있었다. 그는 특정 항체를 가진 세포를 동종의 다른 개체에 이식할 때 그 개체 또한 동일 항체를 갖게 된다는 사실을 발견했다. 이로써 메치니코프로 대표되던 세포론자들의 관점이 면역학에 다시 수용된다.

메치니코프는 면역 과정을 세포의 기능에 근거해 풀어내려고 시도했다. 세포의 기능을 강조하는 전통은 생리학과 맞물려 있고, 그 연구방법론도 생리학의 그것과 겹친다. 이 점에서 내분비체계의 규명 과정이 세포론자들의 관점과 분리된 것은 아니다. 현대적 면역학의 토대를 닦은 예르네, 버넷, 톨미지는 체액론자와 세포론자의 관점 모두를 수용하여 클론선택이론을 탄생시켰다. 그들은 전통적인 생화학과 생리학의 실험방법론을 대립적인 것으로 보지 않았다.

그러나 클론선택이론이 질병 치료 연구의 중심부에 들어가기 위해서는 하이브리도마 기술과 같은 세포 조작 기술이 필요했다. 이종간 세포를 융합시킴으로써 단일 항원에 대한 단일 항체를 대량으로 생산할 수 있게 되었고, 질병 치료 연구는 진일보한다. 질병 치료 연구 공간에는 과거의 생리학, 생화학의 실험방법론과 현대적 공학이 뒤섞여 있다. 그중 어느 하나만을 떼어내 현대 생물학과 의학을 단일 관점 속에 가두려고 하는 사람이 있다면, 그는 역사에 무지하거나, 과학기술을 이용해 자신의 세력을 확장해보려는 자에 불과하다.

면역학의 발달은 외과 수술의 목적을 확장시켰다. 마취와 소독법에 근거한 전통적 외과 수술의 목적은 생명을 구하여 유지시키는 것이었다. 절제와 절단이 수술의 주된 기법이었다. 면역 과정을 부분적으로 제어할 수 있게 됨으로써, 장기뿐만 아니라 팔과 다리 같은 기관의 이식도 가능해졌다. 팔이식 수술의 목적은 생명 유지 관점에 국한되지 않는다. 따라서 좀더 나은 삶을 위해 생명에 위협적인 요인을 감수하겠다는 개인의 결정이 현재 의료기술 범위 내에서 허용 가능한지가 담론의 주제로 떠오르게 되었다. 팔이식 또한 시험관 수정과 마찬가지로 과학기술이 공공 정책의 대상이 된 현시점의 상황을 반영한다.

6

동일 관점에 근거한
분과들의 공조

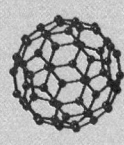

28

아스피린★

― 과학적 발견과 그 지식의 활용

관련 글: 벅민스터풀러린, 생리학과 의학

버드나무가 해열과 진통에 효능이 있다는 것은 오래전부터 알려져 있다. 유기화학자 샤를 제라르는 그 효능과 관련된 물질을 분리해 제약품으로 만들려고 시도했다. 펠릭스 호프먼은 1871년 제라르의 작업을 재발견하여 대량 생산 가능한 합성 약품인 아스피린을 탄생시켰다. 그러나 아스피린이 작용하는 방식은 1970년이 되어서야 약학자 존 베인에 의해 밝혀진다. 아스피린의 탄생 및 적용 과정은 과학적 발견에서 상관관계와 인과관계가 일치하지 않는다는 사실을 잘 보여준다.

버드나무 ●

인간뿐 아니라 다른 동물도 특정 동식물 및 광물을 질병 치료에 사용한다. 도홍경(陶弘景)은 1600년 전 『신농본초경(神農本草經)』을 편집하면서 상고시대부터 전해 내려온 약물들을 집대성했다. 가장 오래된 처방전은 기원전 3000년경 수메르 사람들이 점토판에 기록한 것으로 알려져 있다. 또 이집트학 연구자 게오르크 에버스와 에드윈 스미스가 찾아낸 파피루스 두루마리들은 이집트와 근동 지역의 질병 치료법들을 담고 있다. 이러한 고대 의서들은 버드나무가 해열, 이뇨, 진통에 효능이 있음을 기록하고 있다.

해열과 진통 작용을 하는 버드나무의 활성물질은 무엇인가? 그 활성물질의 화학구조는 어떻게 되는가? 어떻게 해야 그 활성물질의 효력을 그대로 유지한 채 환자가 먹기 쉽도록 변형할 수 있는가? 그렇게 변형된 합성물이 갖는 약효의 인과적 원인은 무엇인가? 버드나무의 약효는 상고시대부터 경험적으로 알려져왔지만, 버드나무가 아스피린이라는 화학적 합성물로 진화하는 데에는 수천 년이 걸렸다.

살리실산의 인공 합성 ●●

해열과 진통에 효능을 가진 버드나무의 활성물질은 살리실산염 (salicylates)이다. 이탈리아의 화학자이자 전기 도금법을 개선한 루이지 브루냐텔리는 1826년 자연물에서 살리실산을 부분적으로 분리하는 데 성공했다. 2년 후, 프랑스의 약사 앙리 르루가 버드나무 껍질에서 순수 살리실산 결정체를 얻는 데 성공했다.

그러나 살리실산은 약품으로 쓰기에는 무리가 있었다. 살리실산은 강한 산성으로 인해 심한 복통과 설사를 일으키는 부작용이 있었기 때문이다. 프랑스의 화학자 제라르는 그 부작용의 원인이 살리실산의 중앙 고리에 붙은 수산기(-OH)임을 밝혀낸다. 그는 수소를 아세틸군(acetyl group)으로 대체시켜 아스피린과 유사한 아세틸살리실산(acetylsalicylic acid)을 얻을 수 있었다. 하지만 그 공정이 단순치 않아 상업화하지는 못했다.

제라르는 화학결합 구조론의 관점, 곧 화합물의 경험적 성질들이 원소들의 특정 결합구조에서 기인한다는 관점을 가졌고, 벤젠고리를 발견한 프리드리히 케쿨레에게도 영향을 끼친 인물이다. 분자의 결합구조에 대한 연구가 화학사에 끼친 영향은 매우 크다. 아스피린도 그러한 연구의 탄생물이다. 유기물 분자의 결합구조를 인공적으로 생산해낼 수 있다면, 살아 있는 물질과 죽은 물질의 엄격한 구분은 사라진다. 이는 역으로 생명이 단순히 별도의 물질을 가정함으로써만 규정되지 않는다는 점을 함축한다.

독일의 화학자 헤르만 콜베는 소의 쓸개에서 발견된 타우린을 인공적으로 합성하는 데 성공했다. 그는 또한 단순한 분자들을 가지고 여러 종류의 살리실산을 합성해낼 수 있는 방법을 개발했다. 콜베의 제자 프리드리히 폰 하이덴은 그 방법을 적용해 여러 종류의 살리실산을 대량 생산해낼 수 있는 공장을 세웠다. 1874년 설립된 '하이덴 화학'(Heyden Chemical)은 인공적으로 합성된 약품을 생산하는 최초의 제약회사였다. 살리실산과 페놀산의 유사한 화학구조 때문이었는지, 하이덴은 살리실산에 소독 성분이 있다고 믿었다. 이렇게 해서 인공적으로 합성된 살리실산은 그것의 실제 효능과 무관하게 소독제로 판매되었다.

아스피린의 탄생 ●◐◌

부르냐텔리와 르루는 자연물에서 살리실산을 분리하는 데 성공했다. 제라르는 살리실산의 화학구조를 탐구했고 부작용을 없애는 방법을 개발했다. 그 방법은 상업화될 정도로 단순하지 않았다. 화학결합 구조에 대한 연구는 살리실산을 인공적으로 합성하고 대량생산 가능

아스피린 화학 구조식

하게끔 만들었다. 이제 아스피린이 탄생하기 위한 마지막 관문은 인공적으로 합성된 살리실산의 부작용을 없애는 제라르의 방법을 단순화하는 것이다.

하이덴 화학의 성공은 현재 다국적 거대 기업인 바이엘 그룹의 모태인 '프리드리히 바이에르 사'를 자극했다. 원래 인공 염료를 생산하던 프리드리히 바이에르 사는 제약으로 사업을 확장하기 시작했다. 제약 분야의 화학을 전공한 호프먼은 1894년 프리드리히 바이에르사의 연구원으로 일하게 된다. 제라르의 논문을 접한 호프먼은 약효를 유지한 채 부작용의 원인인 산성을 중화하고 살리실산의 견고한 형태를 만들어내는 방법을 개발한다. 그가 얻어낸 최종 화학적 합성물은 견고한 아세톤살리실산 결정체였다. 치통 환자들을 대상으로 한 아세톤살리실산의 임상실험은 성공적이었다.

아세톤살리실산은 조팝나무에서도 얻을 수 있기 때문에, 프리드리히 바이에르 사는 1899년 아세틸살리실산의 약자 'ASA'와 조팝나무의 속명인 'Spiraea'를 합성하여 '아스피린(Aspirin)'이라는 약품명을 만들었다. 아스피린은 1900년부터 알약 형태로 시판되기 시작했다. 최초의 알약 형태의 제약품이기도 한 아스피린은 지금도 매일 약 1억 4천만 개가 팔리고 있다.

진통 및 해열 작용과 아스피린 사이의 상관관계는 너무나 명백하다. 그 상관관계는 임상실험을 통해 통계적으로 규명되었다. 사실 수천 년의 질병 치료 역사가 진통 및 해열 작용과 아스피린 성분 사이의 상관관계에 대한 증명이기도 하다.

그 이후 ●●●

아스피린의 다양한 효능의 인과적 원인은 무엇인가? 영국의 약학자 베인은 1970년 아스피린의 활성 성분이 염증 과정에서 불포화지방산의 일종인 프로스타글란딘(prostaglandin)의 합성을 억제한다는 사실을 밝혀낸다. 생체 내에서 아스피린이 작용하는 방식은 혈액 응고 및 염증 과정에 영향을 끼치는 불포화지방산 연구에서 밝혀진 것이다. 아스피린의 혈액 응고 억제기능은 심장 발작을 예방하는 데에도 도움을 준다. 아스피린의 효능에 대한 인과적 원인을 밝히는 것은 열과 통증을 발생시키는 질병에 대한 원인을 규명하는 작업과 연관된다. 베인은 1982년 노벨 생리의학상을 받았다.

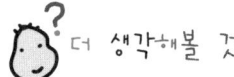

더 생각해볼 것

1 ◆ 바이엘 그룹은 다른 모든 분야가 망해도 하루에 약 1억 4천만 개가 팔리는 아
    스피린 생산만으로 견딜 수 있다. 과학적 발견에 대한 지식과 지식의 활용은
    사업의 성패를 좌우할 수 있다. 하이덴 화학이 살리실산을 먼저 인공적으로 합
    성하고 대량생산에 성공했음에도 불구하고 바이엘 그룹처럼 성장하지 못한 이
    유는 무엇이라고 생각하는가?

2 ◆ 특정 인공물의 경제적 가치는 인과적 원인이 규명되어야 반드시 극대화되는
    것은 아니다. 특히 제약품이 그러한데, 그 이유는 무엇이라고 보는가? (약품의
    효능을 알게 되는 경로에 주목하자.)

더 읽어볼 것

◆ 다이어무이드 제프리스 지음, 김승욱 옮김(2004), 『아스피린의 역사』, 동아일보사.

◆ Feldman, D.(2005), *How Does Aspirin Find a Headache?*,
  Harper-Collins.

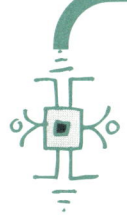

벅민스터풀러린★★

― 노벨상

관련 글: 아스피린, 원자구조

영국의 화학자 로버트 컬과 해리 크로토, 미국의 물리화학자 리처드 스몰리는 헬륨 기체 속 흑연에서 증발된 탄소 동소체인 '벅민스터풀러린(buckminsterfullerene)' 분자구조를 규명했다. 5각형과 6각형 격자를 짜맞춘 축구공 모양의 벅민스터풀러린 분자는 현대 화학의 상징물이 되었고, 컬, 크로토, 스몰리는 1996년 노벨 화학상을 받았다. 하지만 벅민스터풀러린 분자의 발견에도 다른 과학적 발견과 마찬가지로 여러 명의 수고가 뒤섞여 있다. 이러한 뒤섞임 방식은 어느 정도 시간이 지나서야 정돈되기도 한다.

구조의 규명과 화학자들의 흥분제 ●

분자는 원자로 구성되어 있다. 상이한 원자들로 구성된 경우도 있고, 동일한 원자들로 구성된 경우도 있다. 후자의 경우는 '동소체'로 불린다. 분자를 구성하는 방식은 이온결합과 공유결합로 대표되는 화학결합에 의존한다. 외곽 전자들을 잃어버리거나 받아서 이온화된 원자들이 결합하는 방식과 외곽 전자들을 공유함으로써 원자들이 결합하는 방식은 과학적으로 규명되었다. 그러나 이로부터 실제 분자의 구조, 곧 원자들이 결합하여 공간적 구조가 자동적으로 밝혀지는 것은 아니다. 분자의 구조를 알기 위한 조건들은 무엇인가?

첫째, 분자들을 구성하는 원자들의 종류와 수를 알아야 한다. 원자들의 질량이 밝혀진 상태이기 때문에, 특정 분자를 구성하는 원자들의 종류와 수는 우리에게 분자의 결합비를 알려준다. 벅민스터풀러린 분자는 탄소 60개로 구성된 동소체다. 분자를 구성하는 원자들의 종류와 수를 알기 위해 화학자들이 많이 사용하는 실험 장치는 '질량 분광계(mass spectrometer)'이다.

질량 분광계는 자기장 조절기, 검출계, 분석기로 구성되어 있다. 자기장을 조절하고, 특정 질량의 분자를 검출하여 분석기를 거치면, 분광계 스펙트럼에 피크(peak)들이 나타난다. 피크들의 개수는 분자를 구성하는 원자들의 종류에, 그리고 피크값들의 합은 분자의 총질량에 대응한다. 벅민스터풀러린 분자가 탄소로만 구성된 동소체이므로, 하나의 피크가 나타날 것이다. 그 피크값이 720이라면, 벅민스터풀러린 분자는 60개의 탄소로 구성된 것으로 추정된다. 탄소 질량가는 12, 곧 핵의 중성자 수 6과 전자 수 6을 합한 값으로 정의된 것이기 때문이다. 원자들의 결합비를 안다고 해서 그 연결방식을 알 수 있는 것은 아니다. 분자의 구조를 알기 위해서는 또 다른 조건이 충족되어야 한다.

둘째, 분자들을 구성하는 각 원자들의 주변 환경을 알아야 한다. 분자의 구조를 사진으로 직접 찍을 수 있는 기술은 아직 존재하지 않는다. 분자를 구성하고 있는 원자들의 연결관계를 통해 분자의 구조

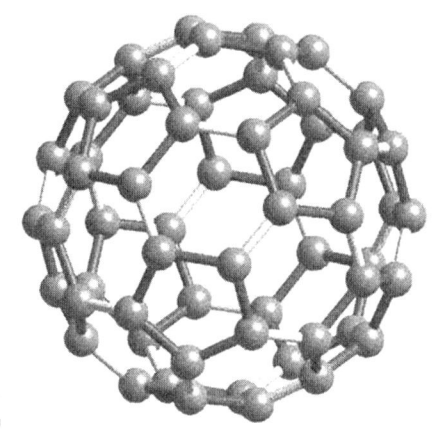

벅민스터풀러린 분자

가 밝혀진다. 분자를 구성하는 각 원자들의 주변 환경을 알기 위해 화학자들이 많이 사용하는 실험 장치는 '핵자기공명 분광기(nuclear magnetic resonance spectroscope)' 이다.

핵자기공명 분광기, 일명 NMR은 자기장에 반응하는 특정 원자핵의 행동에 의해 원자들이 공간적으로 연결된 방식을 알려준다. 분자 구성에서 동일한 연결방식을 갖는 원자핵들은 특정 자기장에 대해 일렬로 배열한다. 이러한 공명 상태는 특정 주파수로, 그리고 그 주파수는 NMR 데이터에 피크로 나타난다. 피크 수는 분자 내 원자들의 연결방식의 종류를 보여준다. 벅민스터풀러린 분자는 5각형의 탄소고리들과 6각형의 탄소고리들이 서로 짜맞춰진 축구공의 구조를 갖고 있다. 하나의 탄소가 다른 탄소와 연결된 방식을 주의 깊게 살펴보면, 각 탄소는 검은색으로 표현된 단일결합 방식과 흰색으로 표현된 이중결합 방식으로 다른 탄소와 연결되어 있음을 알 수 있다. 이 점은 벅민스터풀러린 분자에서 모든 탄소에 해당하므로, 각 탄소의 주변 환경은 항상 동일하다. 다시 말해, 벅민스터풀러린 분자의

NMR 조사 결과는 피크 하나로 나타난다.

질량 분광계로 분자의 결합비를, NMR로 분자 내 원자들의 연결 방식의 종류를 밝혀냄으로써 분자구조를 규명하는 방식은 현재 일반적으로 사용되고 있다. 질량 분광계 스펙트럼과 NMR 데이터에 나타나는 피크는 화학자들을 흥분시킨다. 피크는 화학자들에게 일종의 흥분제인 셈이다.

버키볼 ●●

벅민스터풀러린 분자는 항성 사이에 존재하는 우주먼지 물질구조를 실험적으로 밝히는 과정에서 얻어졌다. 전파망원경의 분석은 그러한 먼지가 탄소 동소체임을 암시하지만, 그것이 정확히 무엇인지는 알 수가 없었다. 컬, 크로토, 스몰리는 헬륨 기체로 채워진 용기 속에 회전하는 흑연판을 장착했다. 용기 상단의 일부는 레이저광이 통과할 수 있도록 유리로 되어 있다. 흑연판 표면의 탄소 원자들의 결합은 레이저광에 의해 깨진다. 탄소들의 기화가 일어나는 것이다. 헬륨 기체로 채워진 용기 끝에는 질량 분광계가 연결되어 있다.

레이저광의 온도를 낮추자 질량 분광계의 스펙트럼에 높은 값의 피크가 나타났다. 그 피크값에 해당하는 동소체의 질량은 60개로 구성된 탄소 분자였다. 탄소 동소체 결합비가 60이라는 사실을 알게 된 연구팀은 그것의 결합구조를 추정하기 시작했다. 연구팀은 1985년 자신들이 발견한 탄소 동소체의 구조가 건축가이자 발명가인 벅민스터 풀러(Buckminster Fuller)의 측지선 돔(geodesic dome)을 닮았다고 결론지었다. 이리하여 60개의 탄소로 구성된 동소체는 '벅민스터풀러린' 분자로 명명되었다. 벅민스터 풀러의 애칭이 '버키'였기 때문에, 벅민스터풀러린 분자는 '버키볼'이라는 애칭으로 불리기도 한다.

그러나 버키볼의 구조를 확인하기 위해서는 결정체 상태의 벅민스터풀러린 분자가 분리되어야 했다. 1990년 독일 막스 플랑크 연구소의 물리학자 볼프강 크레치머와 미국 애리조나 대학의 물리학자 돈 후프먼은 탄소봉 전극 사이에 발생한 광원을 헬륨 기체 속에서 식혀 벅민스터풀러린 분자 검댕을 얻는 데 성공했다. NMR 조사 결과 버키볼의 기하학적 구조는 정설로 인정되었고, 현재 여러 형태의 변형된 버키볼들이 개발되고 있다. 버키볼들이 갖는 화학적 · 물리적 · 생물학적 특성들은 경제적 가치를 지니고 있는 것으로 평가된다. 그러한 특성을 갖는 버키볼 구조를 개발하는 것은 '풀러린 화학' 분과로 정착한 상태이고, 가까운 일본이 풀러린 화학의 대규모 투자국으로 손꼽힌다.

노벨상 ●●●

한때 DNA 이중나선 구조가 생물학을 상징했듯이, 기하학적 대칭성을 잘 보여주는 버키볼은 화학을 상징한다. 버키볼의 대중적 인기, 그 잠재적 적용 가치, 항성간 우주먼지 물질구조 규명이 서로 맞물려 컬, 크로토, 스몰리는 1996년 노벨 화학상을 받았다. 그러나 순수 버키볼을 분리하고 합성한 물리학자들은 노벨상의 영광에서 배제되었다.

버키볼의 구조는 물질 분리와 합성 작업 이후에야 완전히 규명되었고, 또 그 작업은 '풀러린 화학' 탄생의 밑거름이 되었다. 어떤 의미에서 그 작업을 한 물리학자들이 노벨상 수상자에서 배제된 것은 불공평한 것으로 여겨질 수도 있다. 버키볼의 인기와 함께 벅민스터풀러린 분자 구조의 존재 가능성은 이미 1970년 일본인 오사와 에이

지가 예측했던 것으로 밝혀졌다. 오사와가 당시 일본어가 아닌 영어로 논문을 발표했다면 과연 크게 주목을 받았을까? 그렇게 보기는 힘들다. 노벨상 수상에는 적절한 시기 혹은 타이밍이라는 변수가 작용한다. 제아무리 위대한 발견이라도 시기가 적절하지 못하면 주목을 받을 수 없다. 그러한 발견은 후대 사가들에 의해 재정리되는 경우가 많다. 모든 과학의 영역에 노벨상이 주어지는 것도 아니다. 지질학, 고생물학, 제약이나 의학과 무관한 생물학의 여러 분과는 노벨상에서 제외되어 있다. 과학자들이 노벨상을 받기 위해 과학을 한다면, 아마도 그런 분과는 벌써 도태되었을 것이다.

크로토는 노벨상 수상 강연 자서전에서 연구에 참가한 학생들, 버키볼을 분리 합성한 크레치머와 후프먼 연구팀에게 미안한 감정을 전했다. 그는 노벨상 수상 비법을 묻는 이들에게 이렇게 충고했다. "제가 조언하고 싶은 것은 여러분의 관심을 끄는 것이나 여러분이 재미를 느끼는 것을 하라는 것입니다. 그리고 여러분의 능력이 닿는 데까지 최선을 다하라는 것입니다." 사실 항성간 우주먼지의 물질구조를 실험실 내에서 규명하려고 했을 때 크로토는 자신에게 다가올 유명세와 영광을 전혀 계산하지 않았다.

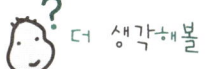
더 생각해볼 것

1 ◆ 컬, 크로토, 스몰리가 벅민스터풀러린 분자를 얻어낸 실험 과정을 한눈에 들어
오게끔 도식으로 만들고 설명해보자. (용기, 분광계, 레이저광 등을 도형이나
선을 사용해 실험 설계를 도식화하고 실험 과정을 설명해보자는 것이다.)

2 ◆ 노벨상과 관련된 발견 과정에는 여러 팀의 기여가 있기 마련이고, 그 실제 과
정은 몇 사람의 영웅담으로 끝나는 것이 아니다. 발견 과정을 도외시한 채 노
벨상 수상자들과 그들의 연구 결과만을 중심으로 과학이 대중에게 알려질 때
어떤 부작용이 생길 수 있을까? 포상금이나 노벨상을 걸고 과학자들을 경쟁시
키는 정책이 과연 효과적일까?

더 읽어볼 것

◆ Hargittai, I. (1995), "Discoverers of Buckminsterfullerene",
The Chemical Intelligencer 1, no.3.

◆ Kroto, H.W. (1996), "Autobiography", Nobel Lectures.

30

원자구조★★
— 측정량과 가설의 연결

관련 글: 알파 붕괴, 전자의 발견, 전자껍질

역사적으로 다양한 원자 개념이 제안되었지만, 원자는 내부 구조가 없는 단위로 가정되었다. 실험가들에 의해 원자가 깨어지자 과학자들은 원자의 내부 구조를 밝혀야 하는 과업을 맡게 되었다. 닐스 보어의 수소 원자 모형 가설은 단순히 설명이 그럴듯하다고 해서 인정된 것이 아니다. 그 가설은 특정 조건에서 유사한 측정량을 산출해내는 스펙트럼 현상과 연결이 가능했기에 과학자 공동체 내에서 인정될 수 있었다.

원자 ●

고대로부터 모든 물체는 궁극적으로 동일한 재료, 곧 물질로 구성되었다고 믿어져왔다. 그리고 원자(atom)는 그러한 물질의 단위로 가정되었다. 경험 현상은 더 이상 쪼개질 수 없는 물질 단위로 가정된 원자의 운동과 형태에 근거해 설명되곤 했다. 영국의 화학자이자 기상학자인 존 돌턴은 하나의 '화학적 원소'가 동일한 원자들로 구성된다고 생각했다. 화학적 성질은 원자의 무게와 원자들의 결합비에 의해 결정된다는 것이 돌턴의 아이디어였다.

그러나 원자의 실재성은 돌턴 당시에는 여전히 논란거리였다. 과학에서 원자의 실재성이 인정되는 데에는 유기화학 및 무기화학의 공헌이 컸다. 19세기 중엽에 이르러 화학자들은 원자들로 구성된 분자들의 구조를 규명하느라 분주했다. 분자의 화학적 성질은 더 이상 원자들의 형태나 결합비가 아니라 원자들의 결합구조에 의해 결정된다는 관점이 득세하게 되었다. 원자를 결합구조의 단위로 보는 이러한 '화학결합 구조론'의 관점 속에서 추상적인 원자 개념을 양적으로 다룰 수 있는 실험방법이 개발되었다.

원자 개념이 실험실 사고 속으로 들어온 이후에도, 원자가 내부 구조를 가지고 있다는 생각은 통용되지 않았다. 원자는 여전히 깨질 수도, 외부의 다른 것에 의해 침투당할 수 없는 존재 단위로 여겨졌다. 1897년 조지프 톰슨은 원자 내부에 음전하를 띤 입자들, 곧 전자들이 있다는 사실을 발견했다. 원자는 깨질 수 없는 물질의 궁극적 단위가 아니라 내부 구조를 갖고 있다는 사실이 밝혀진 것이다.

두 난제 ●●

톰슨의 초기 원자구조 모형은 '건포도 푸딩'에 유추되었다. 푸딩 같은 액체 상태의 원자 내부에 건포도 같은 작은 전자들이 박혀 있다는 것이다. 어니스트 러더퍼드는 원자 내부의 전자밀도를 측정할 수 있는 간단한 장치를 고안했다. 유리관을 통해 들어온 알파입자는 유리관 다른 쪽의 금박지에 투사된다. 금박지를 뚫고 나온 알파입자를 검출하기 위해 금박지 배후에 형광 스크린을 설치한다. 스크린상의 알

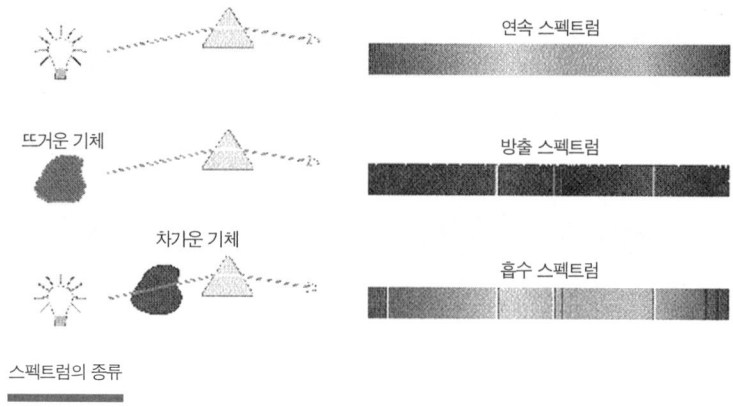

연속 스펙트럼

뜨거운 기체

방출 스펙트럼

차가운 기체

흡수 스펙트럼

스펙트럼의 종류

파입자 산란 각도를 계산한 결과, 톰슨의 건포도 푸딩 원자 모형은 잘못된 것으로 밝혀진다.

러더퍼드는 원자 내부에 양전하를 띤 핵이 있고 전자들이 핵 주위를 돌고 있는 새로운 원자모형을 고안했다. 핵의 부피는 작지만 원자의 질량 대부분을 차지하고 있다. 고전물리학에서 전하 사이의 작용은 샤를 드 쿨롱의 법칙을 따르는 것으로 알려져 있다. 쿨롱의 법칙에 의하면, 러더퍼드의 원자구조는 붕괴되어야 마땅했다. 전자들은 원자 질량의 대부분을 차지하는 양전하를 띤 핵으로 빨려 들어가야 하기 때문이다. 그런데 어떻게 원자들은 안정된 상태를 유지할 수 있는 걸까? 보어에 의해 풀리게 되는 첫 번째 난제는 바로 원자의 안정성에 관한 것이다.

두 번째 난제는 스펙트럼에 관한 것이다. 스펙트럼은 기체의 성질을 알려주는 중요한 분석 수단이다. 스펙트럼은 크게 세 종류로 나뉜다. '연속 스펙트럼'은 빛을 프리즘에 투사시킬 때 얻을 수 있다. 저밀도의 뜨거운 기체에서 나온 열을 프리즘에 투사시킬 때 불연속 스펙트럼의 일종인 '방출 스펙트럼'을 얻을 수 있다. 저밀도의 차가운 기체를 통과한 빛을 프리즘에 투사시킬 때 불연속적인 스펙트럼의 일종인 '흡수 스펙트럼'을 얻을 수 있다. 기체 분자들이 원자들로 구성되어 있기 때문에, 스펙트럼은 원자들의 활동과 관계를 알기 위한 분석 수단으로 사용되기도 한다.

기체의 밀도가 낮다면, 방출 스펙트럼과 흡수 스펙트럼의 차이는 단순히 충돌 현상에서 기인한 것이 아니다. 단일 원소로 구성된 기체의 방출과 흡수 스펙트럼의 차이는 어디에서 기인하는가? 보어에 의해 풀리게 되는 두 번째 난제는 바로 원자의 불연속 스펙트럼에 관한 것이다.

새로운 원자구조 모형 ●●●

보어는 1911년 덴마크 코펜하겐 대학에서 금속의 전자에 관한 논문으로 박사학위를 받았다. 그는 1911년 가을 톰슨이 소장으로 있던 캐번디시 연구소를 거쳐 다음 해 맨체스터에 위치한 러더퍼드 연구소에 합세했다. 보어는 거기서 러더퍼드의 새로운 원자구조 모형을 알게 된다. 찰스 다윈의 손자 찰스 골튼 다윈은 알파입자의 산란 각도를 분석하여 핵 주변의 전자 수를 추정하는 작업을 진행 중이었다. 다윈의 논문을 검토한 보어는 수소 원자가 단 하나의 전자를 갖고 있음을 확신하게 된다.

고전물리학의 법칙이 맞다면, 단 하나의 전자와 핵으로 구성된 수소 원자도 붕괴되어야 한다. 수소 원자의 안정성을 설명하기 위해 보어는 막스 플랑크의 양자(quantum) 개념을 빌려오기로 결심했다.

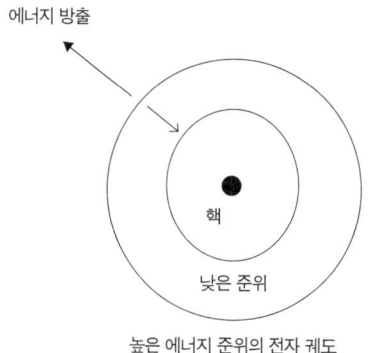

에너지 방출

핵

낮은 준위

높은 에너지 준위의 전자 궤도

매질과 파동의 상호작용과 관련된 복사(radiation)는 고전물리학에서 연속적이다. 이에 반해 플랑크의 이론에서는 복사라는 에너지 전파가 불연속적이다. 양자는 불연속적인 에너지 전파의 단위에 해당하는 양(quantity)이다. 보어는 수소 핵 주위 전자의 에너지는 그러한 양자의 정수배 값만을 갖는다고 가정했다. 그러한 정수배 값은 전자가 특정 궤도에 머무를 수 있는 에너지의 양이기도 하다. 보어는 그러한 궤도를 '정상 상태(stationary state)'로 명명했다.

수소의 원자구조에서 전자는 여러 정상 상태의 궤도에 존재할 수 있다. 높은 에너지 준위 상태에 있는 전자가 낮은 에너지 준위 상태로 내려올 때 그에 해당하는 만큼 빛 형태의 양자를 방출한다. 에너지 방출 현상은 특정 '방출 스펙트럼'으로 나타난다. 역으로 그만큼의 에너지를 외부에서 공급받는 경우, 전자는 다시 낮은 에너지 준위의 상태에서 높은 에너지 준위로 건너뛸 수 있다. 에너지 흡수 현상은 특정 '흡수 스펙트럼'에 대응된다. 이러한 발상에 근거해 보어는 원자의 안정성 문제와 불연속 스펙트럼 문제를 해결할 수 있었다. 보어의 수소 원자모형 가설은 1913년 3부작 논문을 통해 세상에 공개되었다. 그 3부작 논문에서 보어는 특정 원소의 방사능을 해당 원자의 핵에, 그리고 서로 다른 원소의 원자들의 결합, 곧 분자의 성질을 전자들의 수에 연관시켰다.

그러나 보어의 수소 원자구조 모형 가설은 불완전했다. 그 모형은 여러 개의 전자들로 구성된 원자에 대해서는 잘 적용되지 않았다. 보어는 결국 자신의 초기 모형을 수정할 수밖에 없었다. 더욱이 그의 원자구조 모형 가설은 왜 특정 준위 에너지 상태의 궤도만이 전자의 운동을 허락하는가라는 물음에 대해 충분한 설명을 제공하지 못했다. 그럼에도 불구하고 보어의 원자모형 가설은 과학자 공동체에 빠르게 파급되었다. 그 가설이 하나의 난제도 아닌 두 난제를 동시에 풀었기 때문일까? 아니다. 1913년만 하더라도, 많은 이들은 양자 개념이 관측 가능한 물리적 현상에 근거할 것이라고 확신하지 못했다. 불연속 스펙트럼 분석은 특정 조건 아래 재생 가능한 측정량을 산출해낸다. 보어의 원자구조 모형 가설은 원자의 안정성에 대한 설명 외에 그러한 측정량과 연결 가능한 것이었다. 보어의 불완전한 그 가설은 원자 내부의 구조를 실험적으로 측정할 수 있는 스펙트럼 현상과 연관시킬 수 있었기 때문에 큰 저항 없이 과학자 공동체에 흡수된 것이다.

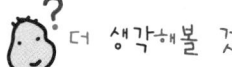 더 생각해볼 것

1 ◆ 모든 과학적 가설이 특정 조건들에서 실험적으로 재생산할 수 있는 측정량과
   연결되는 것은 아니다. 어떤 경우, 가설의 신빙성은 발굴이나 탐사에 의존해
   획득된다. 발굴이나 탐사를 통해 그 신빙성을 획득하는 과학적 가설은 어떤 것
   들인가? (실험적으로 재생산 가능한 측정량을 얻기 위해서는 연관된 특정 조
   건들을 인공적으로 만들 수 있어야 한다는 사실에 주목하자.)

2 ◆ 풀어야 할 구체적 문제가 없다면 과학적 발견도 이루어지지 않는다. 보어가 원
   자구조 모형 가설을 구체화하는 과정에서 풀어야 했던 난제 두 가지는 무엇이
   었는가?

 더 읽어볼 것

◆ Bohr, N. (1963), *On the Constitution of Atoms and Molecules*,
   W.A. Benjamin.

◆ Ottaviani, J. & Purvis, L. (2004), *Suspended In Language :
   Niels Bohr's Life, Discoveries, And The Century He Shaped*,
   G.T. Labs.

발견의 연결 지도 1~6

하나의 화학적 원소가 동일한 원자들을 대표한다는 관점이 굳어진 이후, 원자들의 무게와 결합비가 화학자들의 주목 대상이 되었다. 그러한 결합비가 화합물의 성질을 결정한다고 여겨졌기 때문이다. 그러나 원자들의 결합비로만 다양한 화학물의 성질을 설명하는 데에는 한계가 있었다. 화합물의 성질들이 원자들의 2차원적 혹은 3차원적 결합 구조에 의해 결정된다는 관점, 곧 '화학결합 구조'의 관점은 그러한 한계 인식에서 기인한 것이다.

화학의 분과들인 유기화학, 무기화학, 생화학은 19세기 중엽 이후 화학결합 구조의 관점에 근거해 공조 관계를 맺게 된다. 특히 생화학은 질병 치료 연구에서 의학과 제약산업 양쪽에 큰 영향을 끼쳤다. 디프테리아의 독소만을 분리해내고 그 구조를 규명하여 백신 개발할 수 있게 되었다. 버드나무에서 해열 및 진통 작용을 가진 화합물만 분리해 인공적으로 합성한 아스피린은 최초의 알약 형태의 제약품으로 기록된다. 인체에 해로운 독소의 결합 구조를 알아야 백신을 개발

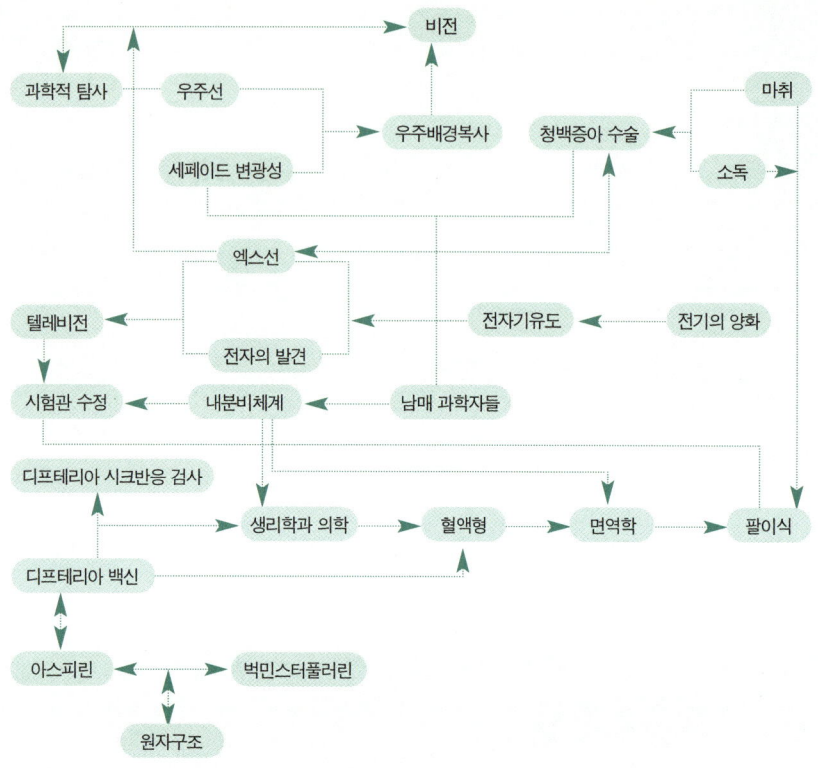

연결 지도 1~6

할 수 있는 길이 열린다. 또 유용성을 가진 화합물의 결합 구조 일부를 변형시켜 그 잠재적 부작용을 없애거나 최소화할 수 있다.

　화학의 여러 분과들이 서로 공조할 수 있게 해준 화학결합 구조의 관점은 20세기의 새로운 화학 분과인 '풀러린 화학'에도 반영되고 있다. 탄소 동소체들은 다양한 특성들을 나타낸다. 그 특성들은 탄소의 속성 외에도 탄소의 결합 구조에서 기인한다. 탄소와 같은 원자들이 결합하는 방식은 무엇인가? 이온결합과 공유결합으로 대표되는 그 결합방식은 원자 내부의 구조가 규명되는 과정에서 설명이 가능해졌다. 이와 함께 전통적인 분광계는 화합물을 구성하고 있는 원자들의 종류와 수를 밝혀주는 도구로 개선될 수 있었다. 그리고 원자들의 주변 환경을 알려주는 핵자기공명 분광기가 개발되었다. 화학자들은 그 어느 때보다도 원자의 종류와 수, 그리고 그 주변 환경에 대한 정밀한 정보에 근거해 복잡한 화합물의 구조를 규명할 수 있게 된 것이다.

　그러나 여기서 잊지 말아야 하는 것이 있다. 화학결합의 구조를 알기 위해 사용되었던 실험방법들이 역으로 원자구조를 규명하는 데 기여했다는 사실이다. 스펙트럼 현상을 이용한 초기 분광계는 원자 내부의 구조가 규명되기 전에도 화학자들이 널리 사용했던 도구였다. 특정 원소의 원자들, 그리고 특정 환경의 원자들에 고유한 스펙트럼이 대응된다는 사실은 보어의 수소 원자구조 모형이 학계에 수용되는 데 결정적 역할을 했다. 그 모형은 원자의 안정성에 대한 설명을 제공할 뿐만 아니라, 그러한 사실을 부분적으로나마 예측해줄 수 있기 때문이었다.

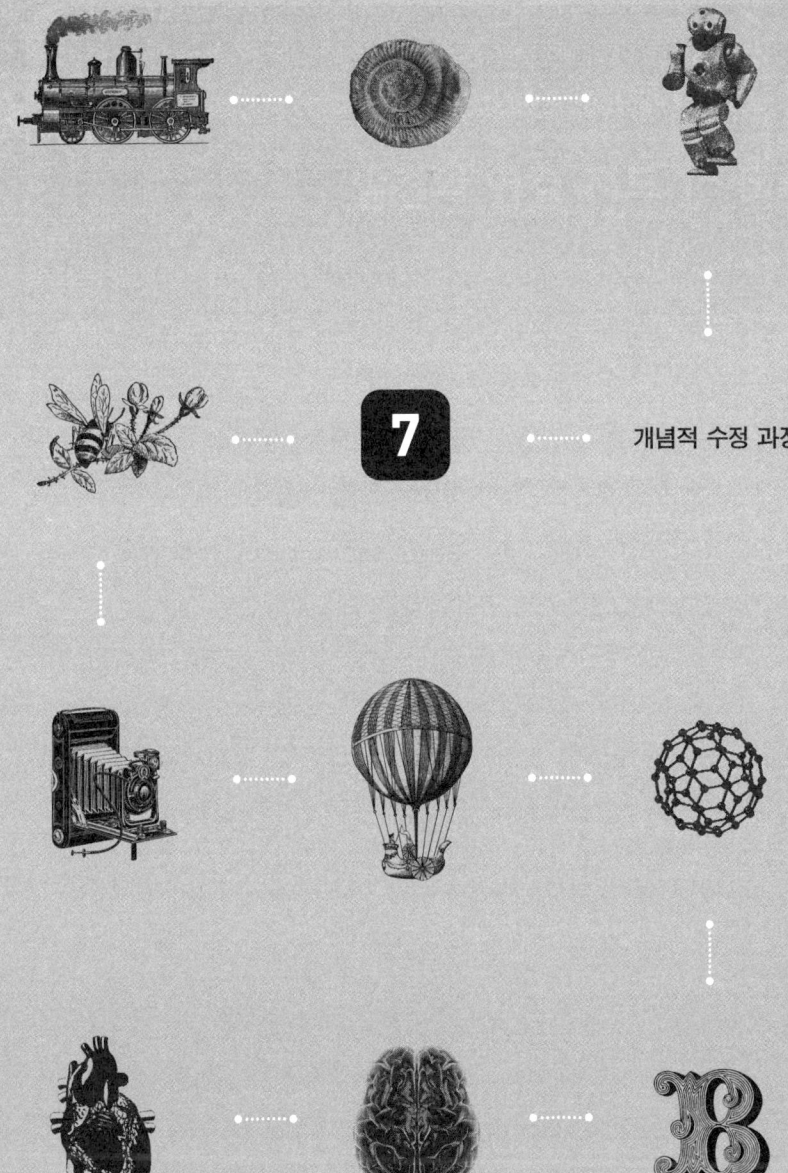

32

콤프턴 효과★★

― 잠정적 가설이 견고해지는 과정

관련 글: 알파붕괴, 엑스선, 원자구조, 전자껍질

실험에서 얻어진 분석 자료, 곧 데이터는 가설 검증 작업에만 사용되는 것이 아니다. 데이터는 새로운 가설을 생성하거나 잠정적인 가설을 견고하게 만들어주는 바탕이 되기도 한다. 데이터에서 특정 가설을 얻거나, 데이터가 이를 좀더 확실하게 해주는 방식은 다양하다. 어떤 잠정적인 가설이 데이터에서 발견된 규칙성을 잘 설명해주는 경우, 그 가설은 잠정적인 지위에서 벗어나 견고한 작업 도구가 된다. 아서 콤프턴이 1923년에 한 실험은 잠정적 가설이 견고해지는 과정을 잘 보여준다. 아름답다고 표현할 수밖에 없는 콤프턴의 실험으로 과학 공동체는 '광양자(light quanta) 가설'을 인정하게 된다.

빛을 둘러싼 문제 ●

과학사에서 빛의 본성을 둘러싼 논쟁은 크게 입자설과 파동설로 나뉜다. 파동설은 일상 경험에서 관찰되는 굴절, 반사, 회절, 간섭과 같은 빛의 속성들을 잘 설명해준다. 파동설은 가시 영역에서 나타나는 색 현상, 특히 프리즘 현상을 잘 설명할 수 없는 관계로 빛의 입자설에 밀리기도 했다. 빛이 단일 파동이 아니라 여러 파장을 갖는 파동들의 다발이라는 사실이 발견되면서, 파동설이 입자설보다 우위를 점하게 된다. 빛의 가시 영역은 7개의 색에 대응하는 파동들로 구성되어 있다. 그러한 파동들 외에 적외선을 벗어난 긴 파장의 라디오파, 그리고 자외선을 벗어난 짧은 파장의 엑스선과 감마선이 있다는 사실이 실험적으로 밝혀졌다.

19세기 중엽에 완성된 제임스 클러크 맥스웰의 전자기학 방정식은 빛이 전하의 진동에 의해 발생하는 전자기파 복사의 일종임을 함축하고 있다. 하인리히 헤르츠는 전자기파의 존재를 증명하는 실험 과정에서 광전 효과(photoelectric effect)를 발견한다. 전하가 가시 영역에서 벗어난 짧은 파장의 자외선에 노출된 경우, 전하량이 감소한다. 그 감소한 만큼 전류가 발생하는 것이다.

음극선이 특정 금속판에 충돌할 때 발생하는 짧은 파장의 엑스선이 발견되면서 기체방전 효과 및 결정체 구조의 연구가 가속화되었다. 고전 전자기학에 의하면, 자유전자는 결정체에 투사된 엑스선의 전자기장에 맞춰 진동한다. 자유전자의 진동은 전자기파를 사방에 발생시킨다. 그러한 전자기파가 바로 결정체에서 산란된 엑스선이다. 고전 전자기학에서 전자기파는 에너지를 운반하는 별도의 입자와 같은 것을 전제하지 않기 때문에, 전자의 진동은 입자 사이의 충돌이 아니라 공명 현상으로 이해되어야 한다. 다시 말해, 산란된 엑스선과 투사된 원래 엑스선은 동일한 파장을 가져야 한다. 하지만 콤프턴의 실험 결과는 달랐다.

콤프턴의 실험 ●●

콤프턴이 처음부터 빛에는 파동적 속성 외에도 입자적 속성이 있다고 전제했던 것은 아니다. 그는 투사된 엑스선 파장과 산란된 엑스선 파장 사이의 상관관계를 규명하기 위한 실험을 설계했다. 콤프턴은 그러한 상관관계를 결정해줄 변수로 산란각을 잡았다. 흑연과 같은 탄소 결정체에 엑스선을 가하면, 엑스선은 결정체를 통과해 여러 각도로 흩어진다. 슬릿의 틈새는 특정 산란각 A에 대응하는 엑스선만을 분광계로 보낸다.

엑스선의 에너지가 강하기 때문에 탄소 결정체 목표물 내부에는 자유전자가 생긴다. 엑스선이 전자기파 복사의 일종이기 때문에, 그러한 자유전자는 전자기장에 맞춰 진동하게 된다. 그러한 진동이 만들어내는 엑스선은 투사된 엑스선과 같은 파장을 가질 것이다. 검출된 엑스선 강도와 파장의 관계를 그래프로 표현한다면, 그 파장에 대응하는 곳에 가장 높은 강도가 나타나야 한다. 다시 말해, 그래프상에 하나의 피크가 나타나야 한다. 그런데 분광계 스펙트럼 파장의 분석 결과, '파장의 편이(wavelength shift)' 현상이 발생했다. 두 개의 피크가 생긴 것이다. 그 하나는 원래의 엑스선 파장에 대응하는 것이었

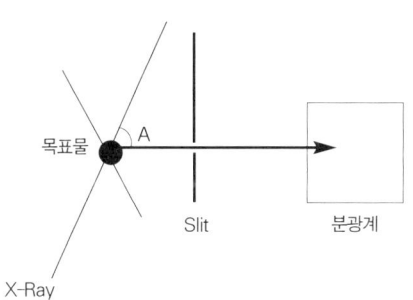

고, 다른 하나는 원래의 엑스선보다 긴 파장에 대응하는 것이었다. 고전 전자기학으로는 이러한 파장의 편이 현상을 설명할 수 없다.

콤프턴은 목표물을 바꿔가며 실험하다가 어떤 규칙성을 발견했다. 산란각 A가 크면 클수록 목표물의 종류와 상관없이 파장의 편이 정도도 커진다는 것이다. 이러한 규칙성은 '콤프턴 효과'라고 명명되었다. 콤프턴 효과의 규칙성은 두 파장의 차이, 곧 분광계 그래프 상에 나타난 두 피크 사이의 간격(λ―λ')과 산란각 A의 관계를 서술해주는 수식($C = (\lambda$―$\lambda'/1-\cos A)$)으로 표현된다. 상수가 콤프턴 효과의 규칙성을 상징하게 되는 것이다.

잠정적 가설을 견고하게 만들기 ●●●

콤프턴 효과의 규칙성을 상징하는 상수 C를 유도해내는 방법은 무엇일까? 이 물음은 콤프턴 효과를 설명해줄 수 있는 가설의 존재 유무를 묻는 것이기도 하다. 만약 그런 가설이 없다면, 콤프턴 효과의 규칙성은 새로운 가설을 생성해야 하는 의무를 과학자 공동체에 부여한다. 콤프턴 효과의 규칙성을 설명하는 어떤 잠정적 가설이 있다면, 잠정적 가설은 바로 그러한 규칙성에 의해 견고해진다. 그 가설은 잠정적 지위를 벗어나 문제해결의 작업 가설로 굳어진다.

엑스선 산란의 파장 편이 현상을 설명하기 위해 콤프턴은 당시 잠정적인 것으로 여겨지던 아인슈타인의 광양자 가설을 선택했다. 에너지는 전자기파 전체에 퍼져 있는 것이 아니라 입자처럼 특정 장소에 국소화되어 있다는 것이다. 그는 일찌감치 에너지 전파가 불연속적이라는 플랑크의 가설을 받아들이고 있었다. 아인슈타인은 양자를 단순히 불연속적인 에너지 전파의 단위가 아니라 입자처럼 취급함으

콤프턴(노벨재단)

로써 광전 효과를 설명했으나, 그의 광양자 가설은 공인되지 않았다.

대개의 입자는 질량을 갖고 있지만, 광양자는 그렇지 않다. 빛 입자로서의 광양자는 일종의 에너지 덩어리인 셈이다. 광양자의 질량이 없다는 것은 그것의 속도가 전자기파 복사 속도, 곧 빛의 속도와 동일하다는 사실과 부합한다. 광양자의 운동량은 에너지를 빛 속도로 나눈 것으로 정의된다. 광양자와 전자가 충돌하면 각각의 운동량은 변하지만, 충돌 전 전체 운동량은 충돌 후에도 보존된다. 전체 에너지 역시 충돌 전후에 보존된다. 콤프턴 실험에서 엑스선 광양자의 에너지는 파장 편이에 대응하는 만큼 전자로 전달된 것이다. 콤프턴 효과의 규칙성을 상징하는 상수 C는 운동량 보존법칙과 에너지 보존법칙에 의해 유도될 수 있으며, 이 유도 과정은 광양자 가설을 바탕으로 하고 있다.

광양자 가설에 근거해 콤프턴 효과의 규칙성이 설명되자 또 다른 문제가 부수적으로 해결되었다. 엑스선이 자유전자가 아니라 결정체의 원자 전체와 충돌하는 경우, 파장 편이 현상이 나타나지 않는 이유는 무엇인가? 전자에 비해 훨씬 무거운 원자와 엑스선의 충돌 또한 파장 편이를 만들어내지만, 그 편이 정도는 계산 결과 무시해도 될 만큼 아주 미미한 것으로 밝혀졌다. 콤프턴은 빛이 파동 및 입자적 속성을 갖는다는 사실을 규명한 공로로 1927년 노벨 물리학상을 받았다. 네덜란드 태생의 피터 디바이 또한 콤프턴과 무관하게 그 사실을 실험적으로 밝혔다. 디바이는 1936년 쌍극자(dipole) 및 엑스선 회절 연구로 노벨 화학상을 받았다.

 더 생각해볼 것

1 ◆ 광양자설이 빛의 파동설을 부정하는 것은 아니다. 만약 빛의 파동설이 완전히 잘못된 것이라면, 콤프턴의 실험 결과는 어떻게 나왔을 것이라 예측하는가? (일상 경험에서 관찰되는 빛의 성질들이 무엇인가에 주목하자.)

2 ◆ 가설 검증의 가장 단순한 방식은 다음과 같다. 가설에 의해 예측된 결과와 실험 데이터가 일치하는 경우, 그 가설은 검증된 것으로 여겨진다. 콤프턴 실험 데이터에서 나타난 규칙성은 이러한 단순한 가설 검증과 관련된 것이 아니다. 왜 그런가?

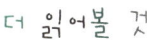 더 읽어볼 것

◆ Brandl, M.(2000), *The Compton Effect*, Physnet(MISN-0-219).

◆ Stuewer, R.H.(1975), *The Compton Effect: Turning Point in Physics*, Science history Publication.

33

알파붕괴★

— 일상 경험과 배경 지식의 합성에 근거한 유추

관련 글: 반도체, 원자구조, 전자의 발견

핵물리학(nuclear physics)이라는 분과는 알파붕괴에 대한 실험적, 이론적 연구를 통해 탄생했다. 핵물리학 탄생에 기여한 인물들로 영국의 러더퍼드, 러시아 출신의 물리학자 가모프, 오스트리아의 프리츠 하우터만스를 들 수 있다.

원자의 구조와 양자역학 ●

러더퍼드 연구팀은 알파선을 금박지에 투사시켜 당시 정설로 여겨지던 원자 모델을 실험적으로 규명하고자 했다. 원자핵이 결여된 원자 모델이 옳다면, 전자에 비해 큰 질량을 가진 알파입자는 거의 직선 형태로 금박지를 뚫고 지나가야 했다. 하지만 실험은 예상 외의 결과를 가져왔다. 알파선 산란 각도를 분석해보니 양전하를 띤 입자가 원자 내부에 있다는 사실이 파악된 것이다. 그 입자가 바로 원자 전체 질량의 99%를 차지하는 원자핵이다. 알파선을 구성하는 입자, 곧 알파입자는 후에 양성자 2개와 중성자 2개로 구성된 헬륨 원자의 핵

생각의 기차 1

과 동일한 것으로 밝혀지지만, 1911년 러더퍼드의 실험 당시에는 알파선과 특정 원자핵을 연관시킬 수 없었다. 알파선은 1899년 러더퍼드가 우라늄 연구에서 발견한 방사선이다.

러더퍼드 연구팀은 1911년 실험 이후 알파입자가 헬륨의 핵과 동일한 것임을 밝혀낸다. 특정 종류의 원자핵에서 방출된 알파입자가 고유한 에너지를 갖고 있다는 사실이 실험적으로 밝혀졌다. 또 알파입자의 에너지가 증가할수록 알파입자의 방출 비율 또한 증가한다는 사실도 밝혀졌다. 그러나 주어진 원자핵이 알파입자를 방출하는 시점, 그리고 특정 종류의 원자핵이 방출하는 알파입자의 비율을 결정할 수 없었다. 가모프는 당시 새로운 이론인 양자역학을 핵의 내부 영역에 적용함으로써 이 문제에 답한다.

알파붕괴를 규명하기 위한 조지 가모프의 사고실험(thought experiment)을 살펴보기 전에 1911년으로 돌아가보자. 원자에도 핵이 있다는 사실은 원자의 안정성을 둘러싼 문제를 불러일으켰다. 그 문제는 일단 보어의 전자궤도 가설에 의해 해결된다. 음전하를 띤 각 전자는 핵 주위의 특정 궤도에만 위치할 수 있다. 이러한 가설은 러더퍼드의 알파입자 산란실험 결과에 부합하고, 또 특정 원자 스펙트럼을 예측할 수 있게 해준다.

그러나 왜 특정 궤도만이 전자들의 운동을 허락하는가? 양자역학의 법칙은 이러한 질문에 대한 하나의 해결책을 제공한다. 전자들은 파동처럼 행동하기도 하지만, 고전역학의 입자처럼 행동하기도 한다. 이러한 파동과 입자의 양면성은 양자역학의 파동함수에 의해 서술된다. 곧이어 독일의 괴팅겐을 중심으로 활동하던 물리학자들이 양자역학을 적용해 분자의 형성 과정 및 빛 방출을 수반하는 원자의 행동을 연구하게 된다.

가모프의 사고실험 ●●

빅뱅 가설의 제안자로 잘 알려진 가모프는 1926년 레닌그라드 대학을 졸업한 후 당시 새로운 물리학의 이론, 곧 양자역학의 성지인 괴팅겐 대학으로 간다. 모든 이가 자연방사능 연구를 원자 및 분자 수준에서 연구할 무렵, 가모프는 양자역학을 과감히 원자핵 내부 수준에 적용하는 시도를 했다. 그 결과로 1928년 '알파입자의 양자 관통(quantum tunneling of alpha particles)' 가설이 나온다.

알파입자의 양자 관통은 수학 방정식 형태의 이론물리학적 가설이지만, 그 안에는 기괴한 사고실험이 숨어 있다. 좀더 엄격히 따지면, 그 기괴함은 실제로는 일상 경험에 물리학적 배경 지식이 부과된 유추의 형태를 띠고 있다.

알파입자의 방출에 대한 하나의 요인은 양전하만 허용된 원자핵의 전기적 반발력이다. 이 점은 전자기학의 기본 지식으로 누구나 추론할 수 있는 것이다. 그렇다면, 왜 핵이 안정 상태를 유지할 수 있을까? 핵력이 무엇이든, 원자핵 외부에 영향을 미치지 않는 핵 내부의 응집력과 같은 힘을 가정하는 것은 자연스럽다. 가모프는 핵력을 일종의 에너지 장벽으로 유추했다. 핵 내부의 전기적 반발력은 일반적으로 그 에너지 장벽을 넘어설 수 없다.

그러나 알파입자의 자연방출은 원자핵의 완전한 붕괴가 아닌 일종의 점진적인 누수 현상과 같다. 다시 말해, 그 방출은 원자의 안정성 정도와 연관된 것이다. 물질 규명 작업에서 질량, 속도와 같은 속성뿐만 아니라 안정성의 정도라는 성향도 개입하게 된 것이다. 철학적

가모프

으로 볼 때 이 점은 물질이 '과정(process)' 속에서 확인된다는 것을 함축한다.

알파입자의 자연방출이 핵의 완전한 붕괴가 아니기 때문에, 알파붕괴라는 것이 핵력에 대응된 에너지 장벽을 깨부수는 현상은 아니다. 가모프는 에너지 장벽을 계곡에, 알파입자를 작은 공에 유추했다. 계곡의 정상은 에너지 장벽의 임계치에 유추된다. 공은 계곡의 언덕 사이를 올라갔다 내려갔다 하지만 계곡의 정상을 넘어 탈출하지는 못한다. 계곡의 언덕 사이에서 요동칠 뿐이다. 그 공이 고전역학의 입자와 같은 성격을 지닌다면 결코 계곡의 장벽을 뚫고 지나갈 수 없다. 따라서 알파붕괴는 불가능하다.

그런데 혹시 계곡의 언덕 사이에서 요동치는 공이 장벽을 파고 지나갈 가능성은 없을까? 그 공이 꼭 고전역학의 입자와 같은 것이어야 할까? 여기서 가모프는 파동과 입자의 양면성이라는 양자역학의 가설을 적용한다. 다시 말해, 계곡의 공은 양자역학의 파동함수에 따라 행동한다는 것이다. 계곡의 언덕 사이를 요동치는 공들의 파동은 대부분 장벽에 반사될 것이다. 하지만 공의 에너지 상태가 어느 정도 높은 경우, 빛이 유리를 관통하듯 파동의 일부가 장벽을 뚫고 지나갈 것이다. 그렇게 장벽을 뚫고 나온 파동은 핵의 전기적 반발력으로 인해 공처럼 멀리 튀어나갈 것이다. 그렇게 튀어나온 것이 다름 아닌 알파선이다.

가모프의 사고실험이 기괴하게 보이기는 하지만, 여기에는 '신비한 상상력'과 같은 것은 개입되지 않았다. 오로지 일상 경험과 배경 지식의 합성만 있을 뿐이다. 가모프는 자신의 사고실험을 수학적으로 재설계했다. 그는 알파입자들이 에너지 장벽에 충돌할 때마다 그것의 파동적 성질에 의해 장벽을 관통할 수 있는 확률을 계산했다. 그리고 알파입자의 에너지 증가에 따른 장벽 관통 비율을 계산하여 알파붕괴 현상을 양자역학적으로 서술하는 데 성공 했다.

핵물리학의 탄생 ●●●

가모프의 알파붕괴에 대한 양자역학적 설명은 핵 수준에서도 물질 변환이 가능하다는 생각을 자극시켰다. 괴팅겐 시절 가모프의 동료인 오스트리아 출신의 물리학자 프리츠 하우터만스가 그중 한 명이다. 핵의 에너지 장벽을 뚫고 알파입자가 방출될 수 있다면, 역으로 알파입자를 다른 핵 속에 집어넣을 수도 있지 않을까? 그렇다면 무거운 핵들은 단지 좀더 가벼운 핵들의 결합체일 뿐이고, 인간은 원자핵들을 조작할 수 있게 된다. 하우터만스는 알파입자를 핵 속에 집어넣는 과정에서 엄청난 에너지가 방출된다는 사실을 발견한다. 태양을 포함한 항성들의 밝은 빛의 신비가 밝혀진 것이다. 핵의 연구는 거시 세계인 우주의 기하학적 구조를 넘어서 그 과정을 설명할 수 있게 해주었다.

러더퍼드가 알파선 산란 실험을 하여 원자핵의 존재를 증명하고, 가모프가 양자역학의 도움을 받아 원자핵의 알파붕괴 현상을 설명해내고, 하우터만스가 역으로 핵융합 과정을 밝힘으로써, 핵물리학의 시대가 열렸다. 물질 변환의 수준은 핵 내부까지 침투하게 되었고, 복잡한 핵 내부의 구조가 과학적 탐구의 대상이 되었다.

 더 생각해볼 것

1 ◆ 가설 생성을 위한 유추는 배경 지식의 습득, 곧 훈련을 요구한다. 이를 가모프의 경우를 가지고 설명해보자. (핵력의 에너지 장벽과 핵 내부의 입자는 각각 무엇에 유추되었는가? 그러한 유추에서 알파입자 관통 가설을 얻기 위해 가모프에게 필요한 지식은 무엇이었는가?)

2 ◆ 좀더 확실한 것에 유추해 불확실한 문제를 해결해나가는 탐구법은 우리 인간의 사고능력에 대해 무엇을 암시하는가? (만약 인간의 사고능력이 사용하는 정보의 양이나 순서와 무관하다면, 유추라는 것이 필요한가라는 물음을 되새겨보자.)

더 읽어볼 것

◆ Gamow, G. (1944), *Mr. Tompkins Explores the Atom*, Cambridge University.

◆ Gamow, G. (1961), *The Atom and Its Nucleus*, Prentice Hall.

34

전자껍질★★★
― 개념적 재조정

관련 글: 원자구조, 전자의 발견

이론은 새로운 문제를 해결해나가는 과정 속에서 진화한다. 특정 개념은 그러한 진화 과정 속에서 원래의 의미를 잃어버리기도 한다. 또 원래의 개념으로 설명되지 않는 현상을 설명하기 위해 새로운 개념이 도입되기도 한다. 원자 내 전자의 에너지 준위를 행성 궤도에 유추함으로써 얻어진 보어의 초기 궤도 개념은 전자의 파동적 성질을 함축하지 않는다. 입자로만 여겨졌던 전자의 파동적 성질이 규명되면서, 보어의 전자궤도 개념은 수정되어야 했다. 그 결과, 원자 내부에 전자가 존재할 수 있는 특정 에너지 준위 상태는 운동 궤도가 아닌 '껍질(Shell)' 개념으로 상징된다.

보어의 원자구조 모형 문제 ●
러더퍼드는 원자 내부에 전자뿐만 아니라 원자 질량의 대부분을 차지하는 핵의 존재를 실험적으로 규명했다. 그는 원자구조를 태양계에 유추했다. 그러나 고전역학에 의하면, 핵 주위를 도는 전자는 무거운 핵으로 빨려들어가야 마땅하다. 보어는 원자의 안정성을 설명하기 위해 양자 개념을 도입했다. 고전역학과 달리, 양자역학에서 에너지의 전파는 불연속적이며, 양자는 그러한 불연속적인 에너지 전파의 단위를 나타낸다. 보어는 전자가 양자의 정수배 값을 갖는 에너지 준위 상태의 궤도에만 존재한다는 가설을 세웠다.

높은 에너지 준위 상태의 궤도에 존재한 전자가 낮은 에너지 준위 상태의 궤도로 이동할 때 그에 해당하는 만큼의 에너지가 방출된다. 낮은 에너지 준위 상태의 궤도에 존재한 전자가 높은 에너지 준위 상태의 궤도로 이동하기 위해서는 그에 해당하는 만큼의 에너지를 흡수해야 한다. 이러한 에너지 방출 현상과 흡수 현상은 원자의 불연속 스펙트럼 현상을 잘 설명해준다. 적어도 수소 원자에 대해서는 그렇다.

하지만 보어의 수소 원자구조 모형을 일반화할 때 문제가 발생한다. 전자들은 외부에서 에너지를 공급받지 않은 경우 항상 가장 낮은 에너지 준위 상태에 머무르려는 속성이 있다. 하나의 전자가 아니라 다수의 전자들을 갖는 원자를 고려해보자. 모든 전자들이 가장 낮은 에너지 준위 상태에 있으면서도 원자가 안정적이라면, 핵의 구속력이 전자들의 반발력보다 커야 한다. 그 결과, 더욱 많은 전자들을 갖는 원자들의 부피는 쪼그라들 것이다. 게다가 모든 전자들이 낮은 에너지 준위 상태에 몰려 있는 경우, 원자의 이온화 현상을 설명하기가 힘들어진다. 이러한 문제는 1925년 헝가리 태생의 물리학자 볼프강 파울리의 배타 원리(exclusion principle)로 일단 해결된다.

배타 원리 ●●

파울리는 가장 낮은 에너지 준위 상태의 궤도에 모든 원자들이 모일

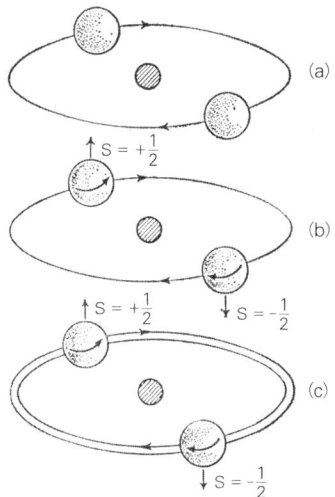

$S = +\dfrac{1}{2}$ (b)

$S = +\dfrac{1}{2}$　$S = -\dfrac{1}{2}$

(c)

$S = -\dfrac{1}{2}$

그림 (a)는 본래의 파울리의 원리, 곧 세 개 이
상의 전자는 동일 궤도상에 있을 수 없다는 것
을 나타내며, 그림(b)는 동일 궤도상의 두 전
자는 반드시 서로 반대되는 스핀을 갖는다는
수정된 파울리의 원리를 나타낸다. 그림(c)는
재차 수정된 파울리의 원리를 나타낸다. 즉 자
전하는 전자의 자기력에 의해 두 궤도는 동일
하지 않고, 각 궤도에는 한 개의 전자만이 허
용된다. (물리학을 뒤흔든 30년)

수 없게 하는 어떤 규칙이 있을 것이라고 믿었다. 각 에너지 준위 상
태의 궤도는 일정 수의 전자들만 허용해야 한다. 파울리는 스펙트럼
연구에 근거해 각 궤도에는 단 두 개의 전자만 존재할 수 있다는 결
론을 얻어냈다. 그의 결론, 곧 배타 원리는 원자의 부피와 이온화 가
능성 사이의 상관관계를 잘 설명해준다.

　그러나 파울리의 배타 원리는 수정된다. 네덜란드의 새뮤얼 구드
스밋과 윌렌베크는 강한 자기장 내부의 고온 기체에서 나타나는 선
스펙트럼의 분리 현상, 곧 제만 효과(Zeeman effect)의 원인을 연구
하고 있었다. 그들은 제만 효과의 원인이 전자의 스핀, 곧 시계 방향
혹은 반시계 방향의 전자 자전에서 기인한다는 가설을 세웠다. 수정
된 파울리의 배타 원리는 서로 반대의 스핀을 갖는 두 전자만이 하나
의 에너지 준위 상태에 허용된다는 것이다.

수정된 파울리의 배타 원리를 따를 때 행성 궤도에 유추된 보어의 전자궤도 개념도 약간 수정되어야 한다. 전자의 스핀에 의한 자기력으로 사실상 두 전자가 동일한 궤도에 존재할 수 없기 때문이다. 하나의 궤도에는 실제로 하나의 전자만이 허용될 뿐이다. 원자 내부의 특정 에너지 준위 상태에 두 전자가 존재한다면, 그것은 서로 약간 빗나간 두 궤도상에 각각의 전자가 돌고 있는 것이다. 각 에너지 준위 상태에 하나의 궤도를 대응시킨 보어의 초기 생각은 깨지게 된다. 하지만 이로부터 원자구조의 설명에서 고전역학적 궤도 개념 자체가 포기될 이유는 없다.

고전역학적 전자궤도 개념의 흔들림 ●●●

물리학 이론의 핵심은 운동량 보존법칙과 같은 '법칙'이다. 법칙을 규정하기 위해서는 운동, 질량, 운동량, 속도와 같은 개념들의 관계를 구성하는 틀, 곧 '개념 틀'이 필요하다. 보어가 전자궤도를 행성 궤도처럼 취급했던 것은 고전역학의 개념 틀을 원자구조 설명에 그대로 적용할 수 있다고 보았기 때문이다. 따라서 고전역학의 수식과 양자역학의 수식 사이에는 형식적 유사성이 있어야 하며, 그러한 유사성을 갖지 않는 새로운 이론은 의심의 대상이 된다. 이것이 이론 선별에 대한 철학적 기준인 보어의 '대응 원리'이다. 보어는 전자의 파동적 성질이 실험적으로 규명된 후에 보어는 이 대응 원리를 포기한다.

고전역학적 궤도 개념에 따르면, 물체의 궤도는 역학적 운동량, 곧 질량에 속도를 곱해준 양(mv)과 위치에 의해 명확히 규정된다. 수학적으로는 운동량과 위치가 동시에 측정 가능한 것으로 규정되지

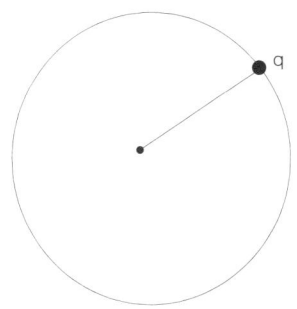

만, 실제로는 불가능하다. 그럼에도 불구하고, 그 동시성은 실험 행위 및 과정과 실험 대상이 서로 무관하다는 관점에 의해 확보된다. 특정 궤도를 따라 등속운동 중에 있는 물체를 가정해 보자. 물체의 운동량($p = mv$)을 먼저 측정한 다음에 물체의 위치 q를 측정했다고 하자. 이 결과를 'pq'로 나타내자. 만약 q를 먼저 측정한 다음 p를 측정한 경우, 그 결과인 'qp'는 'pq'와 동일할까? 다시 말해, "pq = qp"라는 교환법칙이 성립하는 것일까? 고전역학은 그렇다고 말한다.

그러나 물체의 질량이 아주 작아 관측에 필요한 빛의 영향이 무시될 수 없다면, 상황은 달라진다. 더 이상 관측 순서와 같은 실험 행위 및 과정은 실험 대상과 무관한 것으로 여겨질 수 없다. 베르너 하이젠베르크의 행렬방정식에서는 "pq = qp"라는 교환법칙이 성립하지 않는다. 폴 디랙에 의해 하이젠베르크의 행렬방정식과 동등한 것으로 밝혀진 에르빈 슈뢰딩거의 파동방정식에서도 그러한 교환법칙은 성립하지 않는다. 두 방정식 모두 양자역학을 대표한다.

실험은 오차라는 불확정성을 동반하게 마련인데, 고전역학에서는 그러한 불확정성을 임의로 작게 줄일 수 있는 것으로 가정한다. 반면에 양자역학에서는 운동량의 오차($\triangle p$)와 위치의 오차($\triangle q$)를 곱한 값은 플랑크 상수(h)보다 작아질 수 없다. 다시 말해, 하이젠베르크의 불확정성 공식 "$\triangle p \triangle q \cong h$"가 성립한다. 운동량은 질량×속도이므로, 양변을 질량 m으로 나눠주면, "$\triangle v \triangle q \cong h/m$"라는 수식을 얻게 되는 것이다. 플랑크 상수가 아주 작기 때문에, 역시 물체의 질량이 전자처럼 아주 작은 경우에는 속도 측정의 불확정성과 위치 측정의 불확정성이 기하급수적으로 커진다. 그러한 경우, 우리는 실험적으로 전자의 정확한 운동 궤도를 얻을 수 없다. 우리가 얻을 수 있는 것은 단지 전자 운동의 전체적인 분포나 모양새일 뿐이다.

우리가 경험하는 대상들은 전자에 비해 질량이 비교할 수 없을 정도로 크기 때문에, 속도와 위치 측정의 불확정성을 일상생활에 적용할 수는 없다. 플랑크 상수는 양자역학적 서술에 적합한 미시 세계와 고전역학적 서술에 적합한 거시 세계의 경계를 설정해주는 '상징'으로도 볼 수 있다. 물론 그렇다고 그 경계에 해당하는 질량의 임계치가 결정될 정도로, 또는 아무런 모순 없이 모든 물리적 현상을 설명해줄 정도로 양자역학이 완벽한 것은 아니다. 하지만 양자역학은 적어도 미시 세계의 현상을 설명하는 데에는 성공했다.

양자역학의 서술에 적합한 미시 세계의 대상들은 입자적 성질과 파동적 성질을 둘 다 갖고 있다. 전자의 운동 또한 파동적 성질을 나타낸다. 이러한 경우, 전자의 운동은 고전역학적 궤도 개념에 근거해 설명될 수 없다. 원자 내 특정 에너지 준위 상태에 존재하는 전자의 운동이 파동적이라는 것은 프랑스의 루이 드브로이에 의해 이론적으로 추정되었고, 톰슨(George P. Thomson), 미국의 클린턴 데이비슨과 레스터 저머의 '전자선 회절격자 실험'에 의해 규명되었다.

개념적 재조정 ●●●

전자의 운동에 대해서 고전역학적 궤도 개념을 있는 그대로 적용할 수는 없다. 이는 적어도 두 가지 측면에서 분명하다. 첫째, 실험 행위 및 과정과 실험 대상이 분리될 수 없다면, 작은 질량을 갖는 전자의 운동량과 위치는 정확히 측정될 수 없다. 우리가 실험적으로 얻을 수 있는 것은 단지 전자의 공간적 분포나 모양새일 뿐이다. 둘째, 전자는 입자적 성질과 파동적 성질을 갖고 있기 때문에, 전자의 운동은 기하학적 원 혹은 타원으로 표상되는 고전역학적 궤도 개념에 의해 서술될 수 없다.

원자 내 전자가 존재하는 특정 에너지 준위의 상태에 더 이상 고전역학적 궤도가 대응될 수 없다. 화학결합과 반응에 관한 물리적 설명방식은 고전역학적 궤도 개념에 근거했다. 그러한 설명방식의 유용성을 구제하기 위해 전자의 특정 에너지 준위 상태는 '궤도'가 아닌 '껍질'이라는 개념으로 상징된다. 원자 내 전자는 더 이상 고전역학적 궤도 상의 점(point)과 같은 것이 아닌 전자의 전체적인 공간적 분포 혹은 전자구름으로 상징된다. '오비탈(orbital)'이라는 용어는 그러한 모양 혹은 전자구름을 뜻한다.

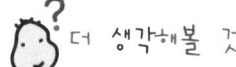

더 생각해볼 것

1 ◆ 물체의 운동과 관련된 '궤도'는 영어로 'orbit'이다. 전자의 운동과 관련해 'orbital'이라는 용어를 사용한 이유는 무엇일까? 누가 주석 없이 'orbital'을 '궤도'로 번역한다면, 어떤 혼선이 학생들에게 일어날 수 있을까? (달과 같은 행성의 궤도 운동과 전자의 운동 사이에서 나타나는 차이에 주목하자.)

2 ◆ 그러한 혼선을 줄이기 위해서 과학사적 지식이 필요한 이유는 무엇일까? 이 질문을 전자껍질 개념의 등장 역사에 비추어 대답해보자.

더 읽어볼 것

◆ G. 가모프 지음, 김정흠 옮김(1994), 『물리학을 뒤흔든 30년』, 전파과학사.

◆ Messiah, A. (1999), Quantum Mechanics, Dover.

35

발견의 연결 지도 1~7

보어의 초기 원자구조 모형은 복사파와 같은 에너지 전파의 불연속적인 기본 단위가 있다는 플랑크의 가설에 근거해 건설되었다. 그러나 그 모형은 여러 개의 전자들을 가진 원자에는 잘 적용되지 않았으며, 보어 자신도 당시에는 빛이 파동과 입자 양자의 성질을 갖고 있다는 이중성을 인정하지 않았다. 빛의 이중성을 함축한 광양자 가설은 콤프턴의 실험에 의해 과학자 공동체에서 공인된다.

콤프턴이 처음부터 광양자 가설을 확인할 목적으로 실험을 설계했던 것은 아니다. 엑스선 산란 실험에서 발견된 규칙성, 곧 콤프턴 효과가 광양자 가설에 의해 설명됨으로써 빛의 이중성은 하나의 사실로 받아들여졌다. 곧이어 전자나 양성자와 같이 질량이 작은 입자들도 파동처럼 행동하는 측면을 갖고 있다는 사실이 밝혀졌다. 이에 근거해 가모프는 알파붕괴 현상을 설명할 수 있었다.

핵물리학의 탄생과 발전은 원자를 역동적인 체계로 파악하는 관점의 확장 역사이기도 하다. 원자는 내부 구조를 갖고 있고, 또 그 속성

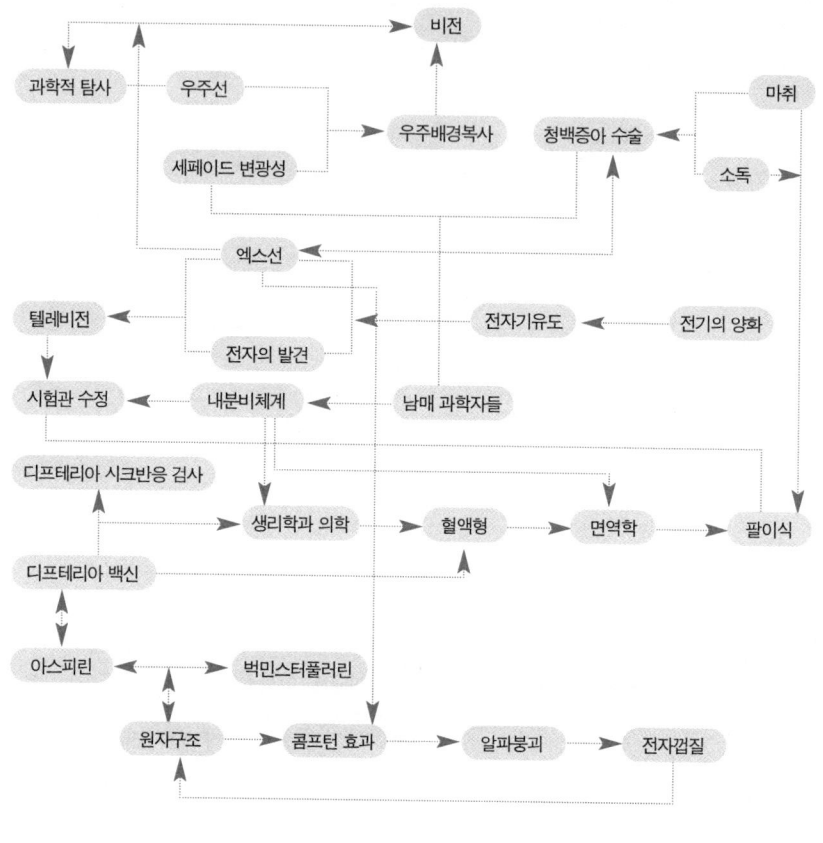

연결 지도 1~7

은 안정도와 같은 것까지도 측정할 수 있다는 것이 밝혀졌다. 원자는 더 이상 쪼개질 수 없고 다른 것에 의해 침투당할 여지가 없는 물질의 최소 기본 단위라는 오래된 관점이 흔들리게 되었다. 역동적인 원자 내부 구조를 규명해나가는 과정에서 질량, 속도, 위치의 관계에 대한 개념적 재조정이 필요했다. '전자궤도'란 개념은 양자역학의 관점을 수용하여 '전자껍질'이란 개념으로 대체된다.

고전역학에서 물체의 운동은 실험 행위와 무관하게 측정 가능한 것으로 취급된다. 물체의 운동량을 먼저 측정하고 위치를 측정하든, 위치를 먼저 측정하고 운동량을 측정하든, 그 순서는 고전역학에서 무시된다. 양자역학에서는 그렇지 않다. 그 결과, '운동량×위치'와 '위치×운동량' 사이의 교환법칙은 성립하지 않는다. 전자와 같은 미세 입자의 운동은 그러한 교환법칙을 전제한 고전역학의 궤도 개념에 의해 서술될 수 없게 된 것이다.

그러나 축구공과 같이 실제로 경험할 수 있는 대상들의 운동에 대해서 고전역학은 여전히 만족할 만한 설명을 제공해준다. 거시 세계와 미시 세계 양자를 모순 없이 아우를 수 있는 이론은 아직 완성되지 않았다. 게다가 전자와 같은 입자가 나타내는 파동적 현상이 측정 과정의 교란에서 기인한 것인지, 아니면 그러한 현상을 함축하는 소위 '양자 실재성(quantum reality)'이 존재하는 것인지는 여전히 논란거리로 남아 있다. 양자역학이 얼마나 포괄적인 이론인지, 또 그것의 여러 해석 중 어느 것이 정확한지는 아직 미해결 과제로 남아 있다. 그럼에도 불구하고, 미시 세계를 설명하는 데 양자역학이 훌륭한 분석도구라는 점은 무시될 수 없게 되었다. 고전역학은 미시 세계의 분석에서 그 한계를 드러냈기 때문이다.

원자 내 전자의 운동이 기하학적 궤도가 아닌 구름과 같은 전자껍질로 상징됨으로써 보어의 초기 원자구조 모형도 수정되어야 했다. 이 수정 과정에서 중요한 역할을 한 것은 이론만이 아니다. 엑스선 실험장치와 같은 각종 도구의 역할도 매우 중요했다. 광양자 가설을 견고하게 만든 콤프턴의 실험, 전자의 파동적 성질을 밝힌 일련의 실험들 모두가 엑스선 발견을 바탕으로 하고 있기 때문이다.

등장인물

ㅎ

생각의 기차 1

1판 1쇄 찍음 2008년 1월 5일
1판 1쇄 펴냄 2008년 1월 10일

펴낸곳 궁리출판

지은이 이상하
펴낸이 이갑수
주간 김현숙
편집 변효현, 김남희
디자인 이현정, 전미혜
영업 백국현, 도진호
관리 김옥연

등록 1999. 3. 29. 제300-2004-162호
주소 110-043 서울특별시 종로구 통인동 31-4 우남빌딩 2층
전화 02-734-6591~3
팩스 02-734-6554
E-mail kungree@chol.com
홈페이지 www.kungree.com

ISBN 978-89-5820-116-8   03400
ISBN 978-89-5820-118-2   03400(세트)

값 10,800원